Kampfpanzer Tiger

Dieses Buch ist Tom Jentz (verstorben 2013) gewidmet.
Er hat mir gezeigt, wo es lang geht.
Dabei konnte er schon laut werden …

Ein Tiger Ausf. E der s PzAbt 505. Der Wagen trägt einen Bergebalken am Aufbau, obligatorisch für diese Einheit. Die Nebelkerzen-Wurfbecher sind noch vollständig erhalten. (PK-Foto)

Thomas Anderson

KAMPFPANZER TIGER

Geschichte • Technik • Erfahrungsberichte

GeraMond

Produktmanagement: Martin Distler
Satz und Layout: Elke Mader, München
Repro: Cromika, Verona
Umschlaggestaltung: Jarzina Kommunikations-design, Holzkirchen, unter Verwendung eines PK-Fotos.
Herstellung: Anna Katavic
Gesamtherstellung:
GeraNova Bruckmann Verlagshaus GmbH

Alle Angaben dieses Werkes wurden vom Autor sorgfältig recherchiert und auf den aktuellen Stand gebracht sowie vom Verlag geprüft. Für die Richtigkeit der Angaben kann jedoch keine Haftung übernommen werden. Für Hinweise und Anregungen sind wir jederzeit dankbar.
Bitte richten Sie diese an:

GeraMond Verlag
Lektorat
Postfach 40 02 09
D-80702 München
E-Mail: lektorat@geramond.de

Die Deutsche Nationalbibliothek verzeichnet diese Publikation in der Deutschen Nationalbibliografie; detaillierte bibliografische Daten sind im Internet über http://dnb.d-nb.de abrufbar.

ISBN 978-3-86245-731-1

Dieser späte Tiger Ausf. E kann keiner Abteilung zugeordnet werden. Vermutlich im Winter 1943/44 fotografiert, wurde der Panzer weiß abgetarnt. Auch die Kette zeigt Eisstollen auf den Laufflächen, sie wurde ab Ende 1943 eingeführt. (Hoppe)

Dieses Buch entstand auf der Basis langwieriger Quellenstudien im Bundesarchiv/Militärarchiv in Freiburg sowie im National Archives and Records Administration (NARA), College Park, USA. Gespräche mit ehemaligen Soldaten, die im Tiger kämpften, fanden ebenso Eingang in das Buch. Die Erinnerungen dieser Soldaten bereicherten und beeinflussten mich. Dabei war ich mir immer der Gefahr bewusst, dass diese oft sehr persönlichen Anekdoten nach 60 Jahren vage, übertrieben oder einfach historisch falsch wiedergegeben wurden.

Ich danke den folgenden Herren:
Alfred Rubbel, s PzAbt 503
Anton Bumüller, s PzAbt 504
Karl Fischer, s. PzAbt 508
Wolf-Dieter Kothe, s (SS) PzAbt 503
Die Illustrationen wurden von Claudio Fernandez Cerda angefertigt, dem ich auf diesem Wege herzlich danken möchte. Teile dieser Zeichnungen basieren auf der Arbeit von Hilary L. Doyle, dem ich ebenfalls danke.
Ich möchte auch den folgenden Personen Dank sagen, die mich über die vergangenen Jahre mit Rat, tatkräftiger Hilfe und/oder Fotos unterstützt haben:
H. Bumüller, D. Doyle, S. Clark, H. Erdmann, A. Gruber, H. Hoffmann, H. Hoppe, Y. Kadari, L. Konetzny, Kh. Münch, R. Michulec, W. Schneider, J. Wilhelm, M. Zöllner
Besonderer Dank gilt Martin Block, der mir bei der Recherche in den verschiedenen Archiven wertvolle Unterstützung bot.

Die Organigramme wurden nach vorsichtiger Auswertung der noch verfügbaren Kriegstärkenachweisungen (KStN) sowie weiterer Archivinformationen zusammengestellt. Alle benutzten Symbole wurden bereits zu Kriegszeiten in historischen Dokumenten verwendet.
Die in diesem Buch verwendeten Bilder stammen mit Masse aus privater Hand. Sie wurden digital gespeichert, jedoch nicht aufgearbeitet oder retuschiert. Ich halte Kratzer, eine schlechte Auslichtung und ähnliche „Qualitätsdefizite" für keinen Mangel an sich, sondern für ein Zeichen von Authentizität.
Material aus Archiven ist mit der entsprechenden Signatur gekennzeichnet.

Über den Autor
Thomas Anderson hat sein Hobby, die deutsche Militärgeschichte von 1933 bis 1945, zu seinem Broterwerb gemacht. Indem er komplizierte Sachverhalte allgemeinverständlich und im Sinne des Wortes „lesbar" vermittelt, schreibt er heute für eine Reihe in- und ausländischer Fachmagazine. Seine Arbeit führt ihn regelmäßig in deutsche und ausländische Archive und Museen, um Originaldokumente zu sichten und auszuwerten. Somit verlässt sich Anderson bei der Vermittlung von historischen und technischen Sachverhalten nicht auf „Erlebtes", „Erinnertes" oder Sekundärliteratur, sondern auf sichere Archivinformationen. Seine offensichtliche Begeisterung für Geschichte und Waffentechnik verbindet er mit einer äußerst kritischen Wertung des jeweiligen Zeitgeschehens. Krieg kann nicht verherrlicht werden, Krieg vernichtet Leben und Lebensgrundlagen.

Ein Tiger der s PzAbt 501 im Küstengebirge Libyens. Dieses Fahrzeug zeigt viele Details der frühen Fertigung, wie die an der Aufbaufront angebrachten Fahrscheinwerfer und die improvisierten vorderen Kettenabdeckungen. (BA 101I-732-0130-27)

Tiger – allein das Wort packt den Leser, fasziniert und fesselt ihn. Kraft, Stärke und Eleganz werden damit verbunden. Firmen nutzten und nutzen Begriffe mit einer solchen Strahlkraft, um ihre Produkte mit einem scheinbaren Zusatznutzen zu versehen, die weit über deren oft profanen Gebrauch hinausgehen.

Tiger! So sollte ein deutscher Panzer im 2. Weltkriegs genannt werden. Waren die Bezeichnungen deutscher Waffen vorher eher rein technischer Natur, so sollten sie ab 1942 auch einen propagandistischen Mehrwert erbringen. Tarnbezeichnungen gab es schon immer, nun sollten auch Namen offensiv eingesetzt werden.

Die deutsche Propaganda wurde ab 1942 verstärkt aktiv, um alles dem Kriegsziel unterzuordnen. Im Februar 1943 sollte Goebbels seine aberwitzige Idee eines „totalen Krieges" proklamieren, der nicht mehr unter Front und Heimat unterschied. So wurden neue Waffen auch an der Heimatfront „eingesetzt", eben im Sprachgebrauch der Zivilbevölkerung. Griffige Suggestiv-Bezeichnungen wurden eingeführt.

Der PzKpfw VI wurde als schwerer Panzer konzeptioniert. Seine Schöpfer standen vor der Herausforderung, einen überlegenen Kampfwagen zu konstruieren. Begriffe wie Stärke und Kraft, Durchsetzungsvermögen und Zähigkeit konnten damit verbunden werden. Als Bezeichnung bot sich nur etwas gleichwertiges an, der Name eines Tieres, das eben den gewünschten Eigenschaften entsprechen konnte. Tiger!

Dieses Buch versucht, die Legende zu hinterfragen. Nüchtern und realitätsbezogen.

Thomas Anderson
im Frühjahr 2013

Auf der Höhe der Entwicklung! Ein stolzer Kommandant der s PzAbt 502 präsentiert seinen Tiger. Das imposante Bild entstand Ende 1942 in der Nähe von Leningrad. Die vorderen äußeren Laufräder wurden entfernt, damit bei Frost keine Schäden durch gefrorenen Schlamm auftreten konnten. (Kadari)

Einleitung

Ende 1941 kam der deutsche Vormarsch vor Moskau zum Erliegen. Strenger Frost nach einer erschöpfenden und materialzermürbenden Schlammperiode machte jede Bewegung auf deutscher Seite praktisch unmöglich. Die Sowjets hingegen konnten im Osten des großen Landes frische Kräfte mobilisieren, und dank ihrer moderneren Panzer in die Offensive gehen. Zwar konnte dieser Gegenangriff abgewiesen werden, doch standen die Angreifer vor grundsätzlichen Fragen: Wie sollte die Rüstungsindustrie auf diese Herausforderung antworten?

„Strolch", ein Tiger der Tigergruppe Meyer. Diese kleine Einheit von nur 8 PzKpfw Tiger wurde im August 1943 zur Verteidigung von Sizilien nach Italien verlegt. Das Wappen vorne zeigt das sogenannte Baltenkreuz, ehemals eine Auszeichnung für Freikorpskämpfer im Baltikum. (Münch)

Europa 1941

Die unerwarteten Erfolge der deutschen Wehrmacht – unerwartet sowohl in Bezug auf Ausmaß als auch Geschwindigkeit – haben die Welt nachhaltig erschüttert. Begriffe wie *Panzer* und *Blitzkrieg* fanden schnell den Weg in den Sprachgebrauch des Gegners. Als Synonyme einer neuen und vielleicht revolutionären Kriegsführung hielten sie Einzug in die Geschichtsbücher.

Ein weiteres, wichtiges Kapitel der Geschichte des 2. Weltkrieges sollte durch einen Panzer geschrieben werden. Wohl kaum eine andere Waffe wurde mehr respektiert, mehr gefürchtet als der deutsche Panzerkampfwagen „Tiger". Dabei fällt eine feine Ironie der Geschichte auf. Dieser Panzer schrieb seine Geschichte zu einer Zeit, in der es den *Blitzkrieg* nicht mehr gab.

Ein ehemaliger Bundeswehr-Offizier (und als ehemaliger Soldat der s PzAbt 503 ein Tigermann) kann zitiert werden: *„Wir hatten die besseren Panzer. Aber, was noch wichtiger war, unsere Auftragstaktik, verbunden mit einem hohen Kampfgeist, waren klar überlegen! Wo keine Jabos waren, da konnten wir leicht einen zahlenmäßig mehrfach überlegenen Panzerfeind werfen …"*

Der geneigte Leser wird sich beim Lesen dieser subjektiven Äußerungen wohl seine eigenen Gedanken machen. Die Alliierten **hatten** Jagdbomber, und sie wussten sie auch einzusetzen. Auch die überlegene Taktik wurde im Laufe des Krieges immer besser verstanden: Besonders auf dem westlichen Kriegsschauplatz suchte man die klassische Panzerschlacht zu vermeiden, Angriffe wurden durch Air Force und Artillerie vorbereitet.

Was nun machte den Tiger so bemerkenswert? Widerstand der Tiger wirklich jeder feindlichen Waffe? War seine 8,8-cm-Kanone tatsächlich derart durchschlagend? Und wie war das mit der mangelnden Zuverlässigkeit? Es soll Aufgabe dieses Buches sein, hinter die Legende zu blicken. Und dies nicht spekulativ aus heutiger Sicht, sondern allein durch vorsichtige, aber genaue Auswertung von Originaldokumenten.

Ein neuer Panzer entsteht

Es ist durchaus interessant, die Entstehungsgeschichte des Tigers aus ungewöhnlicher Perspektive zu betrachten. Unter den historischen Geschehnissen der Zwischenkriegszeit, den aufregenden 20 Jahren zwischen 1918 und 1938, fallen einige besonders auf.

Zunächst ist der Versailler Vertrag zu nennen. Dieses Vertragswerk, ab 1919 als Ergebnis des großen Krieges zwischen den Siegermächten und dem besiegten Deutschland abgeschlossen, legte bereits mit der Ratifizierung die Grundlagen für spätere Probleme. Im Kern dieser Verträge stand die alleinige Kriegsschuld Deutschlands. Alle überseeischen Kolonien wurden unter den Siegern aufgeteilt. Das besiegte Land musste große Teile seines Staatsgebietes abtreten, so ging das Saarland an Frankreich, auch Polen und die Tschechoslowakei profitierten. Ebenso drastisch waren die Reparationen, die vom Deutschen Reich gezahlt werden mussten. Ein Großteil bestand aus Kohle- und Holzlieferungen. Das Heer war auf 100.000 Mann begrenzt, jegliche mo-

Der T-34 stellte eine technische Meisterleistung dar. Breite Ketten und ein leistungsfähiger Dieselmotor sorgten für seine bemerkenswerte Beweglichkeit, die 7,62-cm-Kanone und die allseits geneigte Panzerung machten ihn zu einem gefürchteten Gegner. (Anderson)

derne Bewaffnung wie Panzer oder Großkampfschiffe war verboten.

Die Verträge waren auch unter den Siegermächten alles andere als unumstritten. Der französische Generalmajor Foch kann mit den Worten zitiert werden: *„Dies ist kein Frieden, dies ist ein Waffenstillstand für 20 Jahre"*. Er sollte Recht behalten …

Wie auch immer, die Verträge wurden gegen alle Widerstände durchgesetzt. Die meisten Deutschen dieser Zeit empfanden besonders die einseitige Auslegung der Kriegsschuldfrage als ungerecht und ehrenrührig. Viele politische Parteien sollten aus dieser fatalen Grundhaltung Kapital schlagen, mit den sattsam bekannten Folgen. Nationalistische Parteien bekamen großen Zulauf, in der Folge konnte Hitler die Macht ergreifen. 1935 wurde die erste Panzerdivision aufgestellt!

Nachdem Hitler seinen Krieg begonnen hatte, verstummten viele Zweifler. Polen und die Großmacht Frankreich wurden in unerhört kurzer Zeit erobert. Bestätigte das nicht den Großmachtanspruch des selbst ernannten Füh-

Deutsche Panzersoldaten bestaunen nach langem Kampf einen KW-1. Allein die zugewandte Seite des Turmes zeigt mehr als 14 Treffer, die scheinbar sämtlich wirkungslos blieben. Weitere gut gezielte Schüsse auf den Drehkranz scheiterten ebenso. Dieser schwere russische Panzer sollte die Moral der Angreifer erschüttern. (Anderson)

Der PzKpfw I, hier eine Ausf. B mit verlängerter Wanne und Fahrwerk, war der erste deutsche Massenpanzer. Das leicht gepanzerte Fahrzeug war mit 2 Maschinengewehren ausgerüstet, sein Kampfwert war dementsprechend gering. Panzer dieses Typs standen erstmals während des Bürgerkriegs in Spanien im Einsatz, wo wertvolle Erfahrungen gesammelt werden konnten. (Anderson)

rers? Der Balkan-Feldzug, dieser kurzfristig anberaumte Schachzug zur Sicherung der geplanten Invasion Sowjet-Russlands, wurde in ebenso kurzer Zeit entschieden. Die *Blitzkrieg-Legende* war geboren. Die Überlegenheit von Hitlers Kriegsführung schien bestätigt. Keiner kann deutschen Waffen widerstehen!

Im Juni 1941 begann mit dem Unternehmen Barbarossa ein weiterer Akt des letzten großen Krieges. Obgleich der Angriff auf die Sowjetunion vielversprechend begann, konnte das ambitionierte strategische Ziel, das Erreichen einer Linie zwischen Archangelsk im Norden und Astrachan im Süden, nicht erreicht werden. Der deutsche Vormarsch blieb im Schlamm und Frost der Ostfront stecken. Die deutschen Angreifer standen aber vor weiteren Problemen. Die Sowjetunion hatte unbemerkt von allen Nachbarländern ein ehrgeiziges Programm zur Neubewaffnung der Streitkräfte begonnen. So stellte sich völlig unerwartet heraus, dass die Russen mit der Produktion von zwei weit überlegenen Panzertypen begonnen hatten. Der T-34 war ein mittlerer Panzer von revolutionärer Bauweise. Basierend auf den Arbeiten des eigensinnigen Amerikaners Christie war ein Fahrzeug mit allseits geneigten Panzerflächen entstanden. Motor und Antrieb waren platzsparend im Heck untergebracht. Ein starker Dieselmotor gab dem Fahrzeug überragende Fahreigenschaften. Die Bewaffnung bestand aus einem leistungsfähigen 7,62 cm Geschütz.

Der KW-1 erschien auf den ersten Blick als Panzer von eher konventioneller Bauart. Er teilte Hauptbewaffnung und Antriebstrang mit dem T-34, zeigte aber eine wesentlich stärkere Panzerung als dieser.

Mit dem mittleren Panzer T-34 und dem schweren KW standen den deutschen Truppen technisch weit überlegene Entwicklungen gegenüber. Nur dank der besseren taktischen

Ausbildung und Führung sowie durch konsequenten Einsatz von schwerer FlaK (8,8 cm) und Feldartillerie konnte dieser Herausforderung begegnet werden.

Trotzdem – der *„Panzerschreck"* erschütterte die Moral von Panzertruppe und Infanterie. Soldaten, die ergebnislos Schuss auf Schuss auf die Stahlgiganten abfeuerten, mussten einsehen, dass ihr Material unterlegen war. Mit der Zeit konnte diese Schockstarre zwar überwunden werden, ganz jedoch verschwand der *„Panzerschreck"* nicht mehr.

Viele Dokumente belegen, dass diese Entwicklung auf allen Ebenen der deutschen militärischen Führung thematisiert wurde. Technisch war im Jahr 1941 keine schnelle Abhilfe zu erwarten. Die Führung verlangte von den Leistungsträgern der Blitzkriege, den Offizieren und Unteroffizieren, das zu tun, wofür sie ausgebildet wurden – sie sollten führen!

Die deutsche Panzertruppe vor dem Krieg

Zwischen 1925 und 1935 wurde in Deutschland eine Reihe leichter und mittlerer Panzer entwickelt, größtenteils unter Missachtung der Bedingungen der Versailler Verträge. Der erste in größeren Stückzahlen produzierte Panzer war der LAS (landwirtschaftlicher Ackerschlepper, Tarnbezeichnung), der spätere PzKpfw I. Dieser kleine Panzer zeigte bereits den Grundaufbau aller folgenden deutschen Entwicklungen – Motor hinten, Antrieb vorne, ein Drehturm mit der Bewaffnung. Der PzKpfw I war mit einem Funkgerät ausgestattet, eine Besonderheit zu dieser Zeit. Dieser Kampfwagen konnte schnell in größeren Stückzahlen produziert werden und erlaubte so die Aufstellung der ersten Panzerdivisionen. Auch war so die Ausbildung von Fahrern möglich, wichtig in einem Land, das nicht in hohem Maße motorisiert war wie beispielsweise die Vereinigten Staaten. Dieser Grundstock sollte die Erfolge der Panzertruppe im Krieg erst möglich machen.

Der Kampfwert des PzKpfw I mit seinen beiden Maschinengewehren war sicherlich eher gering. Es sollte jedoch nicht vergessen werden, das dieser Panzer im Geheimen mit begrenzten Mitteln entwickelt wurde. Das Ziel, ein vollwertiges Panzerfahrzeug zur

Der PzKpfw II war nur wenig größer als der PzKpfw I. Diese Ausf. c, erkennbar am runden Bug und dem 5-Rollen Laufwerk, trug neben einem MG eine 2-cm-KwK. Für den Kampf gegen Panzer war auch dieser leichte Kampfwagen weder gedacht noch geeignet. Die technische Auslegung deutscher Panzer war durchaus modern, so waren sie mit Funkgeräten ausgestattet, was eine zuverlässige Führung im Einsatz ermöglichte. (Münch)

Der PzKpfw III sollte den Kampf mit gegnerischen Panzern führen. Frühe Versionen wie diese Ausf. F, im Einsatz bei der 1. PzDiv in Frankreich 1940, waren mit einer 3,7-cm-KwK und drei MG ausgerüstet. Weder Bewaffnung noch Panzerung konnten voll überzeugen. Die Besatzung hat die 30 mm Frontpanzerung mit Ersatzkettengliedern verstärkt. (Hoppe)

Erstausstattung der Divisionen, war erreicht worden (siehe Tabelle unten).

Zu Beginn der Dreißigerjahre wurden zwei weitere leichte Panzer entwickelt. Der LAS 100, der spätere PzKpfw II, trug eine 2-cm-Kanone sowie ein MG. Die Panzerung war lediglich gegen Beschuss von Infanteriegeschossen ausgelegt. Wie auch der PzKpfw I erwies sich der PzKpfw II bei Kriegsausbruch als wenig geeignet für die Verwendung in der leichten Panzerkompanie.

Als weiterer leichter Panzer entstand Mitte der Dreißigerjahre der ZW (Zugführerwagen), auch PzKpfw III genannt. Der Kampfwagen war mit einer 3,7-cm-Kampfwagenkanone (KwK) ausgestattet und sollte der Bekämpfung feindlicher Panzer dienen. Anfänglich ebenfalls nur gegen Beschuss aus leichten Waffen geschützt, konnte der PzKpfw III in gewissen Grenzen kampfwertgesteigert werden. Spätere Varianten mit 5-cm-KwK L/60 oder 7,5-cm-KwK L/24 und verstärkter Panzerung sollten bis 1943 und länger im Einsatz bleiben. Auf dem Fahrgestell des PzKpfw III wurde zudem das Sturmgeschütz entwickelt, das sich bis Kriegsende gerade beim Kampf gegen russische Panzer außerordentlich bewähren sollte.

Der letzte Massenpanzer, der vor Kriegsbeginn entwickelt wurde, war der BW (Begleitwagen), der spätere PzKpfw IV. Dieser 20 t Panzer sollte ursprünglich den Panzerangriff begleiten und das Gelände aus der Ferne mit seiner 7,5-cm-KwK L/24 überwachen. Für diese Verwendung war er nur gegen Infanteriegeschosse (Hartkern-Munition aus leichten Waffen) gepanzert. Der PzKpfw IV konnte jedoch stetig weiterentwickelt werden. So wurde die Frontpanzerung von 14,5 mm bei der Ausf. A bis auf 80 mm bei den Ausf. G bis J verstärkt, die ursprüngliche Bewaffnung konnte durch eine Hochleistungskanone ersetzt werden. So blieb auch der PzKpfw IV bis 1945 im Einsatz.

Bei einem vordergründigen Vergleich der technischen Parameter muss gesagt werden, das die PzKpfw III und IV zum Zeitpunkt ihrer Einführung technisch ausgereifte und leistungsstarke Kampffahrzeuge waren. Mit dieser Ausstattung eroberten die deutschen Truppen halb Europa, dies waren die Panzer der Blitzkriege! Franzosen und Engländer hatten Panzer von vergleichbarer Qualität, und sie hatten mehr. Beide Nationen scheiterten 1940 an den besseren Einsatzgrundsätzen des Angreifers und auch an zukunftsweisenden technischen Konzepten.

Der deutsche schwere Panzer: eine schwere Geburt

Das Erscheinen der modernen Panzer T-34 und KW stellte sicher einen Wendepunkt im Verlauf des Krieges dar. Zwar konnten die wichtigsten deutschen Panzer, der PzKpfw IV und das Sturmgeschütz III, durch Kampfwert-

ECKDATEN DEUTSCHER VORKRIEGS PANZERENTWICKLUNGEN

Typ	Gewicht	Motor	Leistungsgewicht	V/max.
PzKpfw I Ausf. A	5,4 t	Otto, 60 PS	11,1 PS/t	37 km/h
PzKpfw II Ausf. C	8,9 t	Otto, 140 PS	16 PS/t	40 km/h
PzKpfw III Ausf. E	19,5 t	Otto, 265 PS	13,6 PS/t	67 km/h
PzKpfw IV Ausf. B	18,5 t	Otto, 265 PS	14,3 PS/t	42 km/h

Nur schwach gepanzert, war der PzKpfw IV zum Anfang des Krieges nur bedingt für den Panzerkampf geeignet. Wenn die kurzkalibrige 7,5-cm-KwK auch ausreichende Durchschlagsleistungen bei leichten Feindpanzern zeigte, so war die Treffgenauigkeit aufgrund der geringen Anfangsgeschwindigkeit von nur 430 m/s doch gering. Das Foto zeigt eine Ausf. D von 1940, die immerhin 50 mm Frontpanzerung aufwies.
(Anderson)

steigerungen stetig verbessert werden. Den verantwortlichen Militärs war jedoch klar, dass diese am Ende ihrer Leistungsfähigkeit waren. Neue Panzer mussten her!

Das Heereswaffenamt arbeitete 1942 an zwei Entwicklungslinien. Eine brachte einen neuen mittleren Panzer hervor, den PzKpfw Panther. Dieser sollte die PzKpfw III und IV als Massenpanzer ablösen und so die Ausrüstung der neuen Panzerdivisionen stellen. Dieses ambitionierte Ziel sollte nur teilweise erreicht werden.

Die andere Linie sollte zum Tiger führen. In der Tat wurden bereits seit 1937 schwere Kampfwagen entwickelt. Diese Entwicklungen, unter anderen Voraussetzungen begonnen, wurden nun kritisch hinterfragt. In diese Arbeiten waren die Unternehmen Daimler Benz, Henschel und MAN mit eigenen Projekten eingebunden. Dabei gab die derzeitige Bedrohungslage die Richtung vor. Der Auslandsaufklärung waren nur die französischen Char B1 und 2C bekannt, die als schwer zu bekämpfende Kampfwagen galten. Das totale Versagen der Auslandsaufklärung im Osten ist im Nachhinein offensichtlich.

Ende 1937 lieferte Henschel sein erstes Versuchsstück, den DW 1 (DW = Durchbruchswagen). Der Tarnname zeigt die originäre Zielsetzung, es wurde kein Massenpanzer gesucht, sondern ein Rammbock, der die feindlichen Linien durchstoßen sollte und auch schwere Panzer bekämpfen konnte. Dem DW

Bodendruck	Reichw. Straße	Reichw. Gelände	Max. Panzerstärke	Bewaffnung
0,39 kg/cm²	140 km	93 km	13 mm	2 MG
0,73 kg/cm²	190 km	126 km	14,5 mm	2-cm-KwK, 1 MG
0,92 kg/cm²	165 km	95 km	30 mm	3,7-cm-KwK, 2 MG
0,77 kg/cm²	210 km	130 km	30 mm	7,5-cm-KwK, 2 MG

Sturmgeschütze sollen ihre eigene unvergessliche Geschichte schreiben. Entwickelt wurden diese zur direkten Unterstützung der Infanterie im Angriff. Aufgrund ihrer hohen Beweglichkeit und des geringen Gesamtaufzugs waren diese nur kleine, schlecht zu treffende Ziele. Sturmgeschütze sollten sich als fähig zeigen, jeden auftretenden Panzerfeind, und ab 1941 auch die russischen Panzer T-34 und KW-1, zu bekämpfen. (NARA)

1 folgte bald der DW 2. Beide Versuchsfahrzeuge zeigten interessante Konstruktionsdetails, unter anderem waren geschmierte Ketten vorgesehen. Turm und Waffenanlage des DW 2 entsprachen jedoch denen des PzKpfw IV. Diese Entwicklungen wurden ergebnislos abgebrochen. 1939 lieferte Henschel den VK 3001 (zeitgleich wurde ein neues Klassifizierungssystem eingeführt, VK stand für Vollkette, HK für Halbkette. Die folgenden zwei Ziffern bezeichneten die Gewichtsklasse, die anderen die einzelnen Versuchsfahrzeuge). Dieser Entwurf – eine Wanne ohne Turm – folgte wieder den bekannten deutschen Grundsätzen. Ein Novum stellte lediglich das Schachtellaufwerk dar, von dem man sich eine gute Verteilung des höheren Gewichts und bessere Fahreigenschaften versprach.

Etwa zur selben Zeit erhielt auch Professor Ferdinand Porsche einen Entwicklungsauftrag für einen schweren Panzer. Auch für diesen Panzer war die 7,5-cm-KwK L/24 vorgesehen, wie sie auch im PzKpfw IV und im Sturmgeschütz eingebaut war. Bestrebungen, ein 10,5-cm-Geschütz einzubauen, verliefen im Sande.

1941 konnte der erste Porsche Prototyp fertiggestellt werden. Die werksinterne Bezeichnung lautete Typ 100, die offizielle VK 3001 (P). Die Henschel-Entwicklung wurde nun VK 3001 (H) genannt. Der brillante Wissenschaftler Porsche entwickelte einen elektrischen Antrieb für den Typ 100. Der elektrische Strom wurde durch Generatoren erzeugt, die wiederum durch zwei Benzinmotoren von je 210 PS Leistung angetrieben wurden. Diese

ECKDATEN DEUTSCHER SCHWERER PANZERENTWICKLUNGEN

Typ	Hersteller	Gewicht	Antrieb	Leistung	V/max	Max. Panzerstärke
VK 3001 (P)	Porsche	30 t	Benzin-elektrisch	2 x 210 PS	60 km/h	50 mm
VK 3001 (H)	Henschel	30 t	Otto	300 PS	35 km/h	60 mm
VK 3601 (H)	Henschel	36 – 40 t	Otto	550 PS	40 km/h	100 mm
VK 4501 (P)	Porsche	59 t	Benzin-elektrisch	2 x 320 PS	35 km/h	100 mm
VK 4501 (H), Tiger Ausf. E	Henschel	56 t	Otto	650 PS	45 km/h	100 mm

Technik war alt und bewährt, seit der Jahrhundertwende fuhren Straßenbahnen, Lokomotiven und Lkw mit diesem erfolgreichen Antrieb. Der Einsatz in einem Panzerfahrzeug unter erschwerten Bedingungen und geringem Raumangebot war hingegen technisches Neuland.

Die ungeklärte Frage der Bewaffnung des zukünftigen schweren Panzer beschäftigte Ingenieure und Militärs weiter. Hitler verlangte eine möglichst hohe Durchschlagskraft. Dabei vertraten er und seine Entourage den Standpunkt, dass – soweit die ballistischen Leistungen vergleichbar waren – ein Geschütz von kleinerem einem von größerem Kaliber vorzuziehen wäre. Das geringere Einbauvolumen versprach eine Verringerung des Gesamtgewichts sowie einen erhöhten Munitionsvorrat. Die Technik war vorhanden. Geschütze mit konischem Lauf boten aufgrund ihrer hohen Anfangsgeschwindigkeit die geforderten überragenden Durchschlagsdaten. Die Nachteile – eine geringere Wirkung der HE-Geschosse sowie eine wesentlich geringere Lebensdauer der Rohre – wurden in Kauf genommen. Rheinmetall hatte bereits 1941 die 7,5 cm PaK 41 produktionsreif.

Diese Verwendung dieser vielversprechenden Technik wurde durch die Rohstofflage entschieden. Das Schwermetall Wolfram war aufgrund seiner hohen Dichte unerlässlich als Hartkernmunition. Wolfram war jedoch nur in geringen Mengen verfügbar, eine zuverlässige Versorgung nicht sichergestellt. Im Falle

Der PzKpfw III konnte in gewissen Grenzen kampfwertgesteigert werden. Diese Ausf. M zeigt eine 50–70 mm starke Frontpanzerung sowie eine 5-cm-Kwk L/60, mit der bis 1942 jeder mittlere Feindpanzer bekämpft werden konnte. Im Einsatz gegen schwere Sowjetpanzer zeigte sie nur wenig Wirkung. (Kadari)

DATEN NUR TEILWEISE GESICHERT

Reichw. Straße	Reichw. Gelände	Bodendruck	Vorges. Hauptbewaffnung	Stückzahl
k.A.	k.A.	0,9 kg/cm²	7,5-cm-KwK L/24 oder 10,5 cm	1, nur Wanne
k.A.	k.A.	0,9 kg/cm²	7,5-cm-KwK L/24	4
k.A.	k.A.	0,9 kg/cm²	Waffe 0725, konischer Lauf	1, nur Wanne
80 km	k.A.	1,06 kg/cm²	8,8-cm-KwK L/56	10
100 km	60 km	1,04 kg/cm²	8,8-cm-KwK L/56	1.346

Ab 1942 stand für den PzKpfw IV die 7,5 cm-Kanone zur Verfügung. Diese Waffe sollte bis zum Kriegsende das Rückgrat der Panzerwaffe darstellen. Dieser PzKpfw IV Ausf. G zeigte eine Frontpanzerung von 80 mm. Ab Ende 1943 war auch dieser Typ überholt. (Hoppe)

der einzigen eingeführten Waffen, der 7,5 cm PaK 41 und der 2,8 cm s PzB 41, entstand 1943 eine derartige Notlage, dass deren Einsatzbereitschaft nicht sichergestellt war.

Diese Entwicklung war 1941 vorhersehbar, daher wurde auf den Einbau der Waffe 0725 im Tiger verzichtet.

Da 1941 neue Vorgaben hinsichtlich der Frontpanzerung aufgestellt wurden, war Henschel zu einer Neukonstruktion gezwungen. In kurzer Zeit stand der VK 3601 (H). Die Frontpanzerung betrug 100 mm, die der Seiten 60 mm. Aufgrund des erhöhten Gewichts wurde das Laufwerk mit größeren Laufrädern versehen.

1941 fiel auch in der Frage der Bewaffnung eine Entscheidung zugunsten eines konventionellen Geschützes, der 8,8-cm-KwK L/56. Das Geschütz war eine Krupp-Entwicklung auf Basis der 8,8-cm-FlaK 18/36.

Dieses Geschütz war für den Einbau in einen ebenfalls bei Krupp entwickelten Turm vorgesehen. Da Henschel angewiesen wurde, die beiden Krupp-Erzeugnisse zu verwenden, war die Firma gezwungen, ihren VK 3601 in kurzer Zeit umzukonstruieren. Das gesamte Fahrwerk wurde geändert, der Aufbau ragte nun weit über das Laufwerk, um den Turm aufnehmen zu können. Trotz der Bezeichnung VK 4501 wuchs das Gesamtgewicht auf über 55 t.

Porsches Ingenieure standen vor derselben Herausforderung. Im Mai begann die Arbeit

am Typ 101. Anders als Henschels VK 4501, der in fast allen Details neu konstruiert wurde, basierte der Typ 101 auf dem Vorgänger Typ 100 (letzterer wog im Übrigen bereits 45 t). Die Panzerung wurde den Forderungen entsprechend verstärkt (frontal 100, seitlich und hinten 80 mm). Das nochmals erhöhte Gewicht erforderte neue Motoren von jeweils 310 PS Leistung.

Die Entscheidung

Im Frühjahr 1942 arbeiteten somit zwei Hersteller an ihren Projekten, die zu einem schwe-

Zwei Prototypen des Porsche Tigers während der Fahrerprobung. Beide zeigen Belastungstürme, die Serientürme von Krupp waren noch nicht verfügbar. Noch sind beim vorderen Wagen weder MG- noch Fahrersichtblende montiert. (Münch)

ren Panzer führen sollten. Zwei große Werke - zwei Entwicklungsteams. Trotzdem war dies kein Wettstreit, eine Entscheidung zwischen den beiden Panzern stand damals nicht zur Debatte. Im Gegenteil, das OKW stellte auf dem Papier bereits schwere Panzereinheiten auf. Einheiten, die mit unterschiedlichem Gerät ausgerüstet werden sollten. So sollten die s PzAbt 501 und 503, die in Nordafrika zum Einsatz kommen sollten, mit der Porsche-Entwicklung ausgestattet werden, da dieser Panzer luftgekühlte Motoren hatte, ein klarer Vorteil im heißen Klima. Die dritte Einheit sollte den Henschel-Tiger erhalten.

In der Realität klaffte jedoch ein großer Widerspruch zwischen Wunsch und Realität.

In einem Brief der Panzerkommission an den Reichsminister für Bewaffnung und Munition vom 24. Juni 1942 wird klargestellt: *„Nach dem Überblick vom 20.06. wird der Ausstoß an Panzerkampfwagen Tiger betragen:*

	PzKpfw Tiger (P)	*PzKpfw Tiger (H)*
Juni	–	–
Juli	12	15
August	12	10

Vorbehalte für die Auslieferung sind von Professor Porsche nicht gemacht worden.

Voraussetzung für die Lieferungen seitens der Fir-

Auch das Sturmgeschütz wurde im Rahmen einer ständigen Kampfwertsteigerung mit der 7,5 cm lang (StuK 40 /L48) ausgerüstet. Frontal ebenfalls mit einer Panzerung von 80 mm versehen, sollten Sturmgeschütze besonders im Osten außergewöhnlich hohe Abschusszahlen erzielen. Wenn sie konzeptionell auch ab 1944 überholt waren, blieben sie zuverlässige und gefürchtete Panzerjäger. (Anderson)

ma Henschel ist Beseitigung der Schwierigkeiten an der Argus-Bremse, Lenkgetriebe, Kupplung und Kühlanlage bis zum 10.7. …"

Im Schreiben wurden die Produktionszahlen handschriftlich noch nach oben korrigiert. 3 Wochen später musste der Beauftragte für das Panzerprogramm in einem Schreiben an den Reichsminister jedoch zugeben:

„Die am 3.7. gemachten fernmündlichen Angaben über den Ausstoß PzKpfw Tiger werden wie folgt bestätigt:

1. PzKpfw Tiger (H)

Juli

Zusage der Lieferung von 15 Wagen kann infolge aufgetretener Schwierigkeiten an Schaltgetriebe, Lenkgetriebe und an den Bremsen nicht mehr aufrecht erhalten werden.

August

Zur Auslieferung kommen mindestens 10 Fahrzeuge. Wahrscheinlich ist ein gewisses Aufholen der seinerzeit für Juli zugesagten 15 Wagen möglich.

2. PzKpfw Tiger (P)

Juli

Zur Auslieferung kommen	*20.7. = 2 Stück*
	31.7. = 8 Stück
August	*10.8. = 4 Stück*
	20.8. = 4 Stück
	31.8. = 4 Stück"

Beide Zusagen konnten nicht eingehalten werden. Henschel lieferte im August immerhin neun Tiger, die sofort an die s PzAbt 502 an die Ostfront gingen.

Der Porsche-Tiger litt unter Undichtigkeiten der Motoren, ein Problem, das nicht mehr abgestellt werden konnte. Aufgrund der ständigen Probleme mit dem Porsche-Tiger wurde im August 1942 befohlen, die Fertigung einzustellen. Zu diesem Zeitpunkt waren 10 Wagen fertiggestellt, die alle beim Ersatzheer blieben und zur Schulung von Tiger-Besatzungen genutzt wurden. Die Firma Krupp hatte jedoch ihren ursprünglichen Auftrag, der die Produktion von 100 Wannen umfaßte, weisungsgemäß ausgeführt.

Um die bereits gefertigten Wannen zu nutzen, befahl Hitler im September die Produktion eines schweren Sturmgeschützes. Unter immensem Druck wurde dieses Projekt in Rekordzeit durchgeplant, bereits im Mai 1943 standen die bestellten 91 Exemplare zur Auslieferung bereit, rechtzeitig zum Unternehmen Zitadelle. Diese Sturmgeschütze sollten unter dem Namen „Ferdinand" Berühmtheit erlangen. Nach dem misslungenen Angriff auf Kursk wurden die verbliebenen Wagen instandgesetzt und umgebaut. Wieder in Russland im Einsatz, wurden sie umbenannt in schwerer Panzerjäger Elefant.

Einer der verbliebenen Porsche-Tiger aus der Vorserie sollte noch als Panzerbefehlswagen komplettiert werden. Nach einer Reihe von Änderungen wurde er der s PzJgAbt 653 zugeteilt, derselben Einheit, die mit dem Elefant ausgestattet war.

Der letzte Hinweis auf das Schicksal der Porsche-Tiger findet sich in einem Führervortrag (Hitler wurde in regelmäßiger Folge von wichtigen Ereignissen unterrichtet) vom 4.11.1944. Diese Dokumente, verfasst unter dem Eindruck eines verlorenen Krieges, zeigen verwirrende Details. Ein jeder Absatz beginnt mit Worten wie „der Führer verlangt" oder „der Führer befiehlt":

„10) Der Führer verlangt, dass die im Ersatzheer vorhandenen Porsche-Tiger in einer Kompanie zusammenzufassen sind, die aufgeteilt auf einzelne Infanterie-Divisionen diesen als Sturmböcke dienen sollen …"

Die Porsche-Tiger waren nie in der Lage, längere Strecken zurückzulegen. Die bloße Idee, diese Panzer in einer Kompanie zusammenzufassen, um sie dann wieder ohne Instand-

setzungsdienste an der Ostfront an verschiedene Einheiten abzugeben, zeugt von der Realitätsferne Hitlers und seiner Vasallen. Es bleibt zweifelhaft, ob es jemals dazu gekommen ist.

Henschel begann im Verlauf der zweiten Jahreshälfte 1942 mit der Serienfertigung des PzKpfw VI, Tiger Ausf. E. Bis August 1944 sollten 1.346 Fahrzeuge produziert werden.

Evolution: Der Tiger Ausf. B

Bereits während der Fertigung des Henschel-Tigers begann die Entwicklung eines Nachfolge-Modells. Die Forderung waren ambitioniert: Der Tiger sollte in allen Belangen deutlich verbessert werden.

Zunächst entschloss man sich, die Panzerplatten des Panzers schräg zu gestalten, ähnlich dem PzKpfw Panther. Die Stärke der Frontpanzerung wurde beträchtlich verstärkt, von 100 auf 150 mm. Seiten- und Heckpanzer blieben bei 80 mm, jedoch mit ballistisch günstiger Neigung.

Wieder wurde die Hauptbewaffnung aus einer Flugabwehr-Kanone entwickelt, der 8,8-cm-FlaK 41. Das Resultat, die 8,8-cm-KwK 43 L/71 war die leistungsstärkste Panzerkanone jener Zeit.

Die Summe dieser Änderungen schlug sich im Gesamtgewicht nieder, der Tiger Ausf. B, auch Königstiger genannt, erreichte die 70-t-Grenze.

Motor und Getriebe konnten nicht entsprechend verbessert werden. Der 700-PS-Maybach, der auch im Panther Dienst tat, musste mit dem hohen Gewicht klarkommen. Das ausgezeichnete Maybach Olvar-Getriebe des Tiger Ausf. E wurde aufgrund seiner Kompliziertheit nicht weiter verwendet. Zum Einbau kam ein konventionelleres Getriebe, das weitaus größere Ansprüche an den Fahrer stellte.

Das Ergebnis war ein schwerer Panzer im wahrsten Sinne des Wortes. Ein Vergleich mit dem einzigen vergleichbaren schweren Feindpanzer, dem JS-2, ist interessant. Der Stalin war 20 t leichter, ebenfalls gut gepanzert und mit einem 122 mm Geschütz bewaffnet – zwei

Der PzKpfw Panther gilt bis heute als der am besten ausgewogene Kampfpanzer des 2. Weltkrieges. Beweglich und ausreichend motorisiert, zeigte der günstig geformte Panzer ein hohes Schutzniveau. Die überlange 7,5-cm-KwK L/70 gehörte zu den leistungsfähigsten Geschützen des Krieges. (Hoffmann)

Hier tummeln sich die Entwicklungen der Firma Henschel im Schlamm. Vorne ist der VK 3601 zu sehen, am Steuer Albert Speer persönlich, dahinter eines der ersten Serienfahrzeuge des Tiger Ausf. E. Die Bilder zeigen deutlich, dass der große Krupp-Turm mit der 8,8-cm-KwK in den schmalen Panzerkasten des VK 3601 nicht einzubauen war. (Michulec)

Kaliberklassen über der 8,8-cm-KwK 43 des Tiger Ausf. B.

489 Tiger Ausf. B wurden bis Kriegsende produziert. Hitler verlangte weitere Anstrengungen, den „Kampfwert" zu verbessern. Hatte der Tiger Ausf. B bereits alle vertretbaren Gewichtsgrenzen gesprengt, so sollte das neue „Sturmgeschütz Jagdtiger" (die Bezeichnungen „Sturmgeschütz" und „Jagdpanzer" waren zu dieser Zeit austauschbar) noch schwerer sein. Bewaffnet mit einer 12,8 cm PaK L/61 und mit einer Frontpanzerung am Aufbau von 250 mm wog dieser über 75 t.

Die Entwicklung deutscher Kampfpanzer seit 1942 war auf eine Beherrschung des Gefechtsfeldes ausgerichtet. Dank ihrer außerge-

wöhnlich leistungsfähigen Hauptbewaffnung und ihres hohen Schutzniveaus schienen die Panzerkampfwagen Tiger Ausf. E, Panther und Königstiger dieses Ziel erreicht zu haben. Wirklich?

Auch der Henschel-Tiger wurde mit Belastungstürmen versehen und einer Reihe von Tests unterzogen. Obwohl sich noch Probleme am Motor zeigten, wurde der Panzer zur Produktion freigegeben. Erst während der ersten Einsätze wurden die Fehler behoben. (Hoppe)

Unten: Der einzige Kampfeinsatz eines Porsche-Tigers fand im Sommer 1944 bei der s PzJgAbt 653 in Russland statt. Dieses Fahrzeug wurde zum Befehlswagen umgebaut. Weitere Änderungen umfassten eine 100 mm starke Zusatzpanzerung am Bug und den Auftrag des Zimmerit-Schutzanstrichs. Das Fahrzeug trug die Kennung 003. (Münch)

Deutsche Reichsbahn
80

Vorschriftsmäßig verladen präsentieren Männer der s PzAbt 502 ihren Tiger. Bei frühen Baulosen mussten beim Wechsel auf die Verladeketten pro Seite acht Laufräder entfernt werden, ein nicht zu unterschätzender Aufwand. So war der Bahntransport auch bei Gegenverkehr möglich. (Anderson)

Das Waffensystem Tiger

Beweglichkeit – Feuerkraft – Panzerschutz. Seit den Tagen des 1. Weltkrieges werden die Qualitäten eines Panzers an diesen Parametern gemessen. Mit dem PzKpfw Tiger beschritt die deutsche Rüstungsindustrie ab 1942 technisches Neuland. Konnte der neue schwere Panzer überzeugen? Erfüllte er die Erwartungen seiner Konstrukteure und, was vielleicht wichtiger war, die der kämpfenden Truppe?

Die Tiger-Fibel wurde zur Ausbildung der Tiger-Besatzungen verfasst. Auf ungewohnt humorvolle Weise wurde den jungen Soldaten die komplizierte Technik nahegebracht. (D 656/27)

Die Leistungsfähigkeit eines gepanzerten Kampffahrzeugs wird durch drei Parameter definiert: **Beweglichkeit, Feuerkraft und Panzerschutz**. Zugleich setzen diese auch gewisse Grenzen. In einer einseitigen Reduktion auf das Technische liegt jedoch die Gefahr trügerischer Vereinfachung. Der Verlauf des 2. Weltkrieges sollte zeigen, dass die Qualität der taktischen Führung und das strategische Umfeld ebenso wichtig, wenn nicht wichtiger waren als die Qualität der Waffentechnik.

Es entbehrt nicht einer gewissen Ironie, dass Deutschland fast ganz Europa mit Waffen von eher durchschnittlicher Qualität besiegen und besetzen konnte. Im Kriegsjahr 1940 hatten die westlichen Alliierten mehr Panzer, darunter auch sehr leistungsstarke Typen wie der Infantry Tank Mark II Mathilda auf englischer Seite oder der französische Char B1. Der Feldzug im Westen wurde am Boden und in der Luft gewonnen. Die überlegenen Einsatzgrundsätze – der Kampf der verbunden Waffen – entschieden viele Schlachten und damit diesen Feldzug. Die deutsche Artillerie und die Luftwaffe bereiteten den Boden für die Panzerwaffe. Schwer getroffen in ihren Stellungslöchern waren die demoralisierten Angegriffenen unfähig dem zu widerstehen, was folgen sollte: der konzentrierte Angriff der deutschen Panzer in die Tiefe des feindlichen Raumes. Die Alliierten waren nicht in der Lage, sich auf diese unerwartete, neue Form der Kriegsführung einzustellen. Aus heutiger Sicht ist es offensichtlich, dass deren Militärdoktrin alt und überholt war, ungeeignet für den modernen Krieg. Wo junge, entschlossene Führer an der Front die Initiative ergriffen, konnte sich die Situation anders darstellen. De Gaulles Gegenangriff bei Caumont war erfolgreich, die deutschen Truppen konnten zurückgeworfen werden. Derartige Einsätze blieben die Ausnahme, die Front im Westen war verloren – Benelux, Frankreich, und damit ganz Westeuropa!

Ein weiterer wichtiger Faktor saß in den Panzern. Die Moral und Ausbildung der Be-

Die Tiger-Fahrer hatten die Verantwortung für ein teures Waffensystem, das den Stand der Technik des Jahres 1942 darstellte. (D 656/27)

satzungen konnte schlachtentscheidend sein. Deutsche Erfahrungsberichte, die während der Invasion Frankreichs geschrieben wurden, beschreiben die englischen Soldaten als zäh, tapfer und professionell. Der Kampfwert der französischen Streitkräfte wurde wesentlich geringer eingeschätzt.

Ein polnischer Soldat, einer unter 30.000, die sich nach der Niederlage Polens der Gefangennahme entziehen konnten, kämpfte auch 1940 in Frankreich gegen die Deutschen. Hier wurden die Soldaten mit französischem Gerät ausgestattet. Der Pole erinnert sich: *„Wir marschierten in geordneter Formation in Richtung Norden. Wir waren zuversichtlich, da war noch eine offene Rechnung mit den Deutschen … Als wir die Massen französischer Soldaten sahen, die von der Front zurückfluteten – eine*

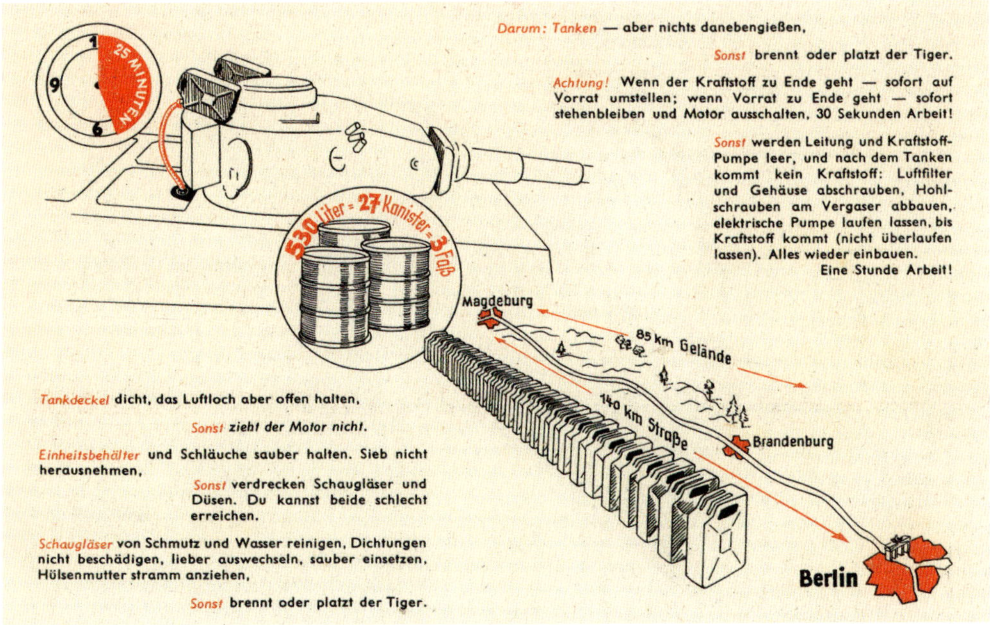

Statt den hohen Kraftstoffverbrauch des schweren Panzers in trockenen Zahlen zu vermitteln, wurde das Thema veranschaulicht. (D 656/27)

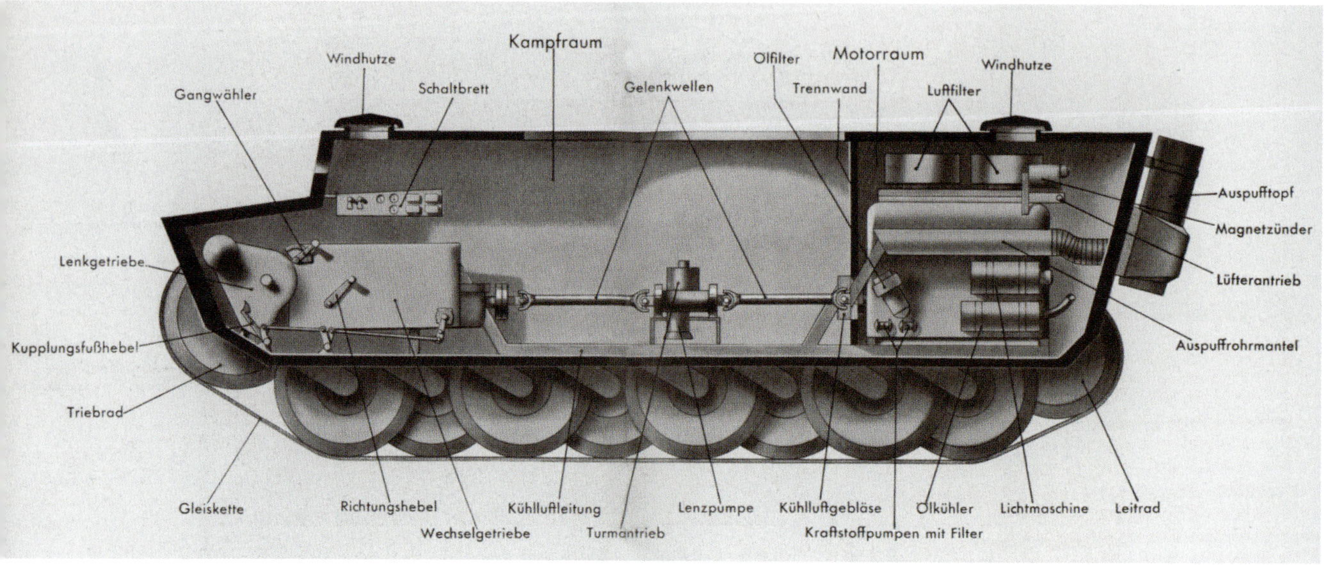

Dieses Schema zeigt den konventionellen Aufbau des Tiger-Fahrgestells. Die Kraftübertragung im vorderen Teil der Wanne und der Motor im Heck sind klar voneinander getrennt. (D 655/12)

aufgelöste Horde, die Waffen weggeworfen, viele davon betrunken – waren wir geschockt! Was war passiert, warum kämpften sie nicht?“

Die oben genannten drei Merkmale beschreiben lediglich konstruktive Fähigkeiten eines Panzers. Um den PzKpfw Tiger beurteilen zu können, bedarf es einer genaueren Betrachtung:

Beweglichkeit

Die Beweglichkeit ist vielleicht die wichtigste Fähigkeit eines gepanzerten Kampffahrzeugs. Ohne Beweglichkeit wird kein Panzer jemals den Gegner treffen, er wird getroffen.

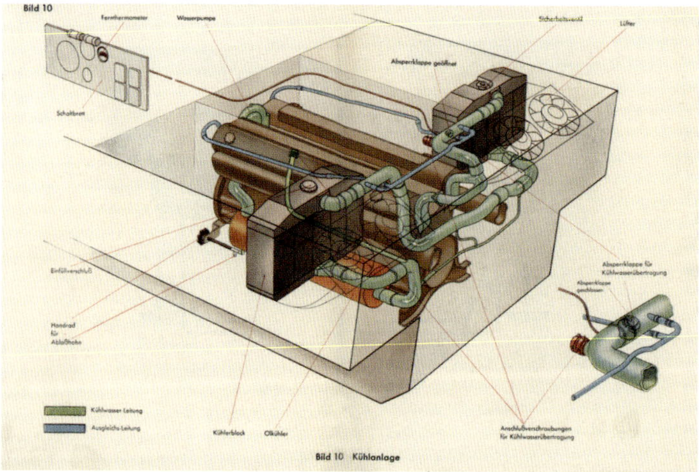

Diese Farbzeichnung zeigt die Kühlanlage des Maybach-Motors. (D 655/12)

Entsprechend dem geplanten Gefechtsgewicht (das von Stärke der Panzerung und Art der Bewaffnung beeinflusst wird) und der angenommenen Umgebung, in der der Panzer sich bewegen soll, müssen Leistungsstärke des Motors und die Qualität von Übersetzung und Fahrwerk aufeinander abgestimmt werden. Ein Panzer ist ein komplexes System, es ist nicht nur der Motor, der die Beweglichkeit beeinflusst.

Eine wichtige Kennzahl ist das Leistungsgewicht. Es zeigt, wie viel Kraft für die Bewegung einer bestimmten Masse zur Verfügung steht. Die deutschen Panzer des Jahres 1940 bis 1942 hatten ein Leistungsgewicht von 11 bis 13 PS/t. Der spezifische Bodendruck ist eine weitere Kennzahl. Die Panzerkampfwagen III und IV, ausgestattet mit 40 cm breiten Ketten, entwickelten einen Bodendruck von jeweils 0,93 kg/cm^2 bzw. 1 kg/cm^2. Zum Vergleich, ein voll ausgerüsteter Soldat mit einem Gewicht von 100 kg übt auf beiden Füßen stehend einen Bodendruck von etwa 1,4 kg/cm^2 aus.

Der russische T-34 (siehe Einleitung) wies wesentlich bessere Leistungen auf. Mit seinen breiten Plattenketten entwickelte er einen Bodendruck von nur 0,64 kg/cm^2. Auch der wesentlich schwerere KW-1 blieb noch unter 0,70 kg/cm^2.

Der Tiger stellte keine direkte Antwort auf diese technische Herausforderung dar. Die

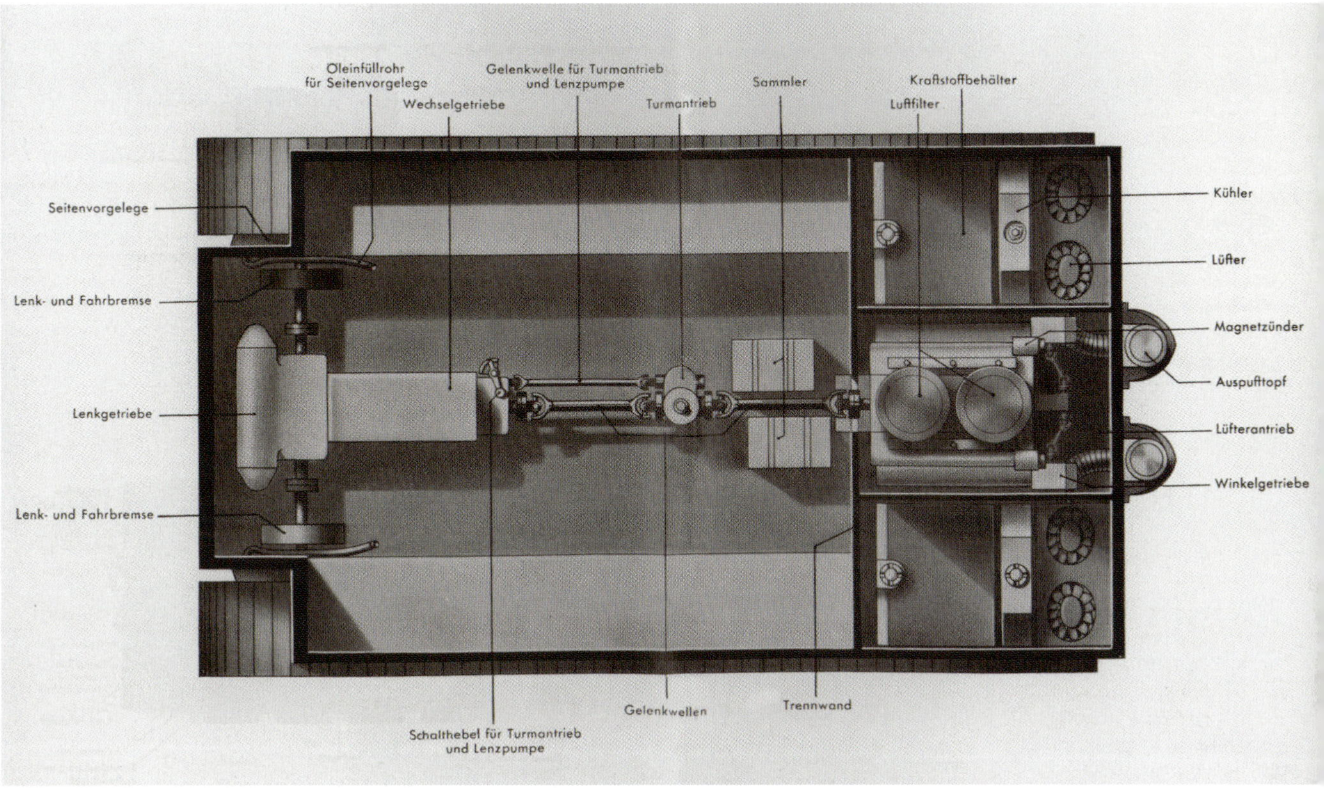

Die geräumige Wanne des Tigers bot ausreichend Platz für Technik, Besatzung und Munition. Beiderseits des Motors waren die Kraftstofftanks untergebracht. (D 655/12)

Ursprünge seiner Entwicklung reichen zurück in die späten 1930er-Jahre. Zu diesem Zeitpunkt waren zwei Kampfpanzer zur Grundausrüstung der Panzerdivisionen durchkonstruiert, deren Serienproduktion bereits anlief, der ZW (PzKpfw III) und der BW (PzKpfw IV). Bereits zu diesem Zeitpunkt wurde auch ein schwerer Panzer angedacht, um gegen die schweren französischen Panzer B1 und 2C bestehen zu können, die von der deutschen Aufklärung gemeldet wurden. Russland war fern zu dieser Zeit. Und hier versagte die Auslandsaufklärung vollständig. Sowohl der T-34 als auch der schwere Panzer KW standen 1939 vor der Fertigung, ihr Einsatz zwei Jahre später sollte für die deutschen Angreifer völlig überraschend kommen.

Technische Auslegung des schweren Panzers

Henschels VK 3601 entsprach bewährten deutschen Grundsätzen. Gemessen am Stand des Jahres 1941 war dieser Panzer schwer gepanzert (die modernen russischen Panzer waren noch nicht bekannt). Die Wanne ragte

Das Treibrad und das Seitenvorgelege. Letzteres war enormen Kräften ausgesetzt, was oft zu Ausfällen führte. Die Seitenvorgelege waren ein schwacher Punkt bei allen deutschen Panzern. (D 655/12)

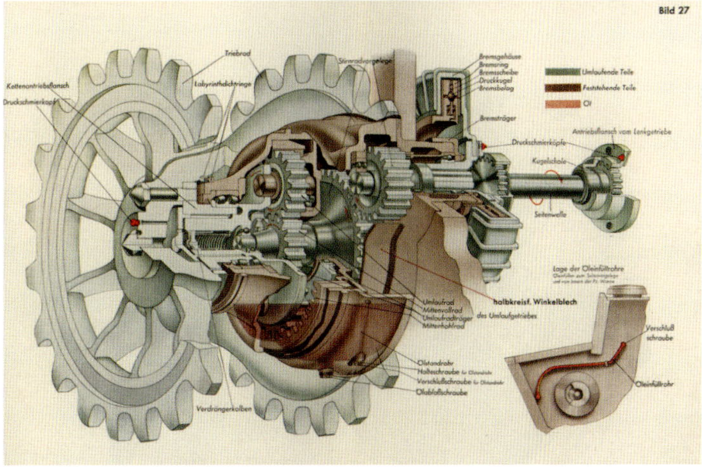

Auf diesem Bild ist das Maybach Olvar Vorwahlgetriebe gut erkennbar. Hier scheint es zu Ausbildungszwecken in einer Halle aufgebaut zu sein. Der Tiger hatte, anders als alle anderen deutschen Panzer, ein Lenkrad. (Anderson)

nicht über das Laufwerk. Angedacht war eine 550-PS-Maschine, die dem Panzer ein gutes Leistungsgewicht gegeben hätte.

Der noch nicht durchkonstruierte Turm sollte mit einem Geschütz mit konischem Rohr bestückt werden, dessen Durchschlagsdaten den aktuellen Anforderungen entsprachen (> 100 mm auf 1.000 m Entfernung). Zur Produktion der Munition für eine Waffe dieser Bauart wurde jedoch Wolfram benötigt. Das Schwermetall war jedoch ein Mangelmaterial, die Versorgung war nicht gesichert. Dieses strategische Problem beendete alle diesbezüglichen Planungen. Die Henschel Entwicklung

Ein Tiger der s PzAbt 503 im Gelände. Links und rechts der Aufbaufront wurden Ersatzkettenglieder montiert, vermutlich um den Panzerschutz zu verstärken. Aufgrund der breiten Ketten war die Geländegängigkeit des schweren Panzers ordentlich. (Rubbel)

Dieser Tiger erklimmt eine starke Steigung auf dem Übungsplatz Grafenwöhr. Hier fanden regelmäßig Vergleichstests verschiedenster Panzerfahrzeuge statt. Die Soldaten auf dem Panzer haben Mühe, festen Halt zu finden. (Anderson)

kam in eine Sackgasse, die einzige Alternative war Rheinmetalls 8,8-cm-KwK L/56. Aufgrund seiner Abmessungen benötigte dieses Geschütz einen geräumigen Turm. Dieser Turm von Krupp wiederum passte nicht auf die schmale Wanne des VK 3601 (H). Henschel war somit gezwungen, diese komplett neu zu gestalten, um den Drehkranz des Krupp-Turms (1.850 mm) in einem verbreiterten Aufbau aufzunehmen. Zwangsläufig stieg das Gewicht des Fahrzeugs um etwa 10 Tonnen. In der Folge mussten auch Laufwerk und Ketten größer dimensioniert werden. Die Änderungen führten zu dem neuen Entwicklungsmuster VK 4501 (H). Dieses Fahrzeug erreichte eine neue Gewichtsklasse: 56 Tonnen! Die Fertigung konnte starten.

Der Tiger Ausf. E

Der VK 4501 (H) ging als PzKpfw Tiger Ausf. E in die Fertigung. Die umfangreichen Änderungen zwangen auch zum Einbau eines neuen Motors. Mit dem stärkeren Maybach HL 210 P30 H (HL = Hochleistung), der zwischen 600 und 650 PS leistete, erreichte das Fahrzeug ein Leistungsgewicht von 12,5 PS/t.

Erste Versuche zeigten, dass der HL 210 eine Tendenz zur Überhitzung zeigte, was zu Motorbränden und Motorausfall führen konnte. Die Luftfilter mussten große Mengen Verbrennungsluft bewältigen, bei einem Verbrauch von etwa fünf Liter pro km wurden 50.000 l Luft umgesetzt. Es sollte sich zeigen, dass die Motorlüfter ein ständiger Quell für Probleme waren. Viele weitere Komponenten

Ein Wald mit Baumbestand stellt nicht unbedingt ein Panzerhindernis dar. Hier schiebt ein Tiger eine 20-jährige Kiefer um. Der Turm ist auf 6 Uhr geschwenkt, um das Geschützrohr nicht zu beschädigen. (Anderson)

zeigten ähnliche Kinderkrankheiten, die von der Industrie schnellstmöglich behoben werden mussten. In der Zwischenzeit hatten die Instandsetzungsdienste an der Front die Aufgabe, die Tiger um jeden Preis fahrbereit zu halten. Der schwere Panzer konnte im Einsatz schließlich schon durch einen geplatzten Wasserschlauch zum Stehen gebracht werden.

Aus dem technischen Bericht Nr. 6 der s PzAbt 501 (Nordafrika) vom 3. Mai 1943:

„ … Was die überhitzten Motoren betrifft, steht es nach wie vor fest, dass der Maybach Motor HL 210 in letzter Zeit kaum noch Schwierigkeiten grundsätzlich technischer Art bereitete, sondern das eingetretene Motorenausfälle im wesentlichen dadurch entstanden sind, dass das Fahrermaterial nicht mehr das Beste ist (ungenügende Ausbildung). In mehreren Fällen ist die Ursache dem fehlenden Fernthermometer zuzuschreiben."

Die Truppe war lernfähig. Die Instandsetzungsdienste kamen mit den Problemen, die mit der Einführung des neue Panzers einhergingen, klar. Ein weiterer Erfahrungsbericht

Während die Kiefer fällt, schiebt sich der Panzer auf den Stamm. Folgen weitere Bäume, so droht der Tiger soweit hochgehoben zu werden, das die Ketten keinen Halt mehr finden. Bewegungsunfähig wäre der Panzer ein leichtes Opfer für Panzer-Vernichtungstrupps. (Anderson)

der 13. Kp (Tiger) des PzRgt Großdeutschland vom 27. März 1943:

„Die jüngsten Einsätze haben an die Panzer VI (Tiger) besonders hohe Anforderungen gestellt … Die hauptsächlichen Mängel bestanden in Laufwerkschäden, in geringeren Fällen Schaltschwierigkeiten am Olvar - Vorwählgetriebe … In den wenigsten Fällen traten Motorschäden auf. Um dem hochkomplizierten Pz VI die notwendige Pflege und Kontrolle zukommen zu lassen, damit auftretende Schäden schon in den ersten Anfängen erkannt und abgestellt werden können, ist es dringend erforderlich, dem Regiment eine 2. Tigerkompanie einzugliedern. Auf diese Weise ist es möglich, die Tigereinheiten überschlagend einzusetzen …

Motor:

Nachdem die Kampfraumheizung aus allen PzKpfw VI entfernt worden ist, zeigten alle Wagen im Betrieb eine Durchschnittstemperatur von 60°. Diese Temperatur ist für einen Maybach Motor fast noch zu niedrig. Motorbrände sind von dem Zeitpunkt an nicht mehr aufgetreten, durch Beseitigung der Kampfraumheizung wurde eine ordnungsgemäße Luftstromkühlung der Auspuffrohre gewährleistetet. Sämtliche Motoren bedürfen aber einer regelmäßigen eingehenden Kontrolle und sorgfältiger Pflege, wenn sie einwandfrei laufen sollen. Es zeigten sich nach langen Einsätzen über den beiden Auspuffrohren teilweise 50 cm hohe Stichflammen, die bei Nacht weit sichtbar waren.

Getriebe:

Am Getriebe sind bis jetzt bei durchwegs sachgemäßer Behandlung durch die Fahrer noch keine Mängel aufgetreten …“

Obwohl der Tiger grundsätzlich tauchfähig war, zeigten sich im normalen Einsatz Dichtigkeitsprobleme. Der Bericht weiter:

„Watfähigkeit:

In fast allen Fällen, in denen Panzer im Eis eingebrochen sind, ist bei einer Wasserstandstiefe von einem Meter trotz verschlossener Bodenventile Wasser eingedrungen. Nach Bergung des Wagens floss das Wasser an den verschiedensten Stellen aus der Wanne heraus. Es ist dringend erforder-

Minen waren und sind ein geeignetes Mittel, um Panzer ihrer Beweglichkeit zu berauben. Zwar kann die Wanne nicht beschädigt werden, wohl aber das Laufwerk. Bei einem schweren Panzer wie dem Tiger war eine zeitraubende Reparatur nötig, um Laufrollen auszuwechseln. Dieser Panzer gehörte der 2./s PzAbt 505 an. (Anderson)

Alle deutschen Panzereinheiten nutzten die Vorteile des Eisenbahntransports, wo immer dies möglich war. Für die Tiger-Abteilungen waren schwere Auffahrrampen verfügbar. Hier wurde eine der sogenannten Tigerrampen an einen schweren Tieflade-Waggon vom Typ SSyms angesetzt. (Anderson)

lich, eine hundertprozentige Watfähigkeit von mindestens 1,3 m zu erreichen, da der Wagen darauf angewiesen ist, Brücken zu umgehen und Flussläufe an seichten Stellen zu durchfahren ...“

Der Bericht schließt:
„Abgesehen von noch gewissen Kinderkrankheiten hat sich der Panzer VI gut bewährt. Schon jetzt kann gesagt werden, dass er dem Panzer III und dem Panzer IV an Zuverlässigkeit überlegen ist, bei der Gewährleistung einer regelmäßigen sorgfältigen Kontrolle und Pflege, d.h. auf drei Einsatztage ein Tag für technischen Dienst ...“

Nach der Produktion von 250 Tigern wurde ein leistungsgesteigerter Motor vom Typ Maybach HL 230 P45 eingeführt. Mit 700 PS stellte dieser eine spürbare Verbesserung dar. Das Oberkommando der Wehrmacht berichtete am 25. Mai 1943:
„... Beginnend mit Fahrgestellnummer 250251 werden die Panzerkampfwagen Tiger der neuen Fertigung mit dem HL 230 Motor ausgestattet. Seine Einführung erfolgt ohne ausreichende Erprobung. In der Einführungsphase des HL 230 muss mit grundlegenden Konstruktionsänderungen gerechnet werden ...“

Eine Gruppe Offiziere besichtigt eine Tigerrampe während einer Vorführung. Soldaten schlagen die letzten Bolzen zur Sicherung der Rampe ein. Die Tigerrampen erlaubten die Ver- und Entladung der schweren Panzer auf freier Strecke. (Kadari)

Und schon schiebt sich ein Tiger über die Rampe auf den Waggon. Der Panzer trägt regelwidrig die breiten Gefechtsketten, während die eigentlich für den Transport vorgesehenen Verladeketten auf dem Waggon liegen. (Kadari)

Diese Einschätzung sollte sich als wahr erweisen. Aus einem Erfahrungsbericht der s PzAbt 503 vom 10. Oktober 1943 geht hervor, dass der neue Motor zahlreiche Mängel aufwies. Wie beim HL 210 versagten vor allem die Kraftstoffpumpen regelmäßig:
„... Die Einsatzbereitschaft der Panzerkampfwagen könnte hier wesentlich erhöht werden, wenn statt dieser vier bzw. zwei Pumpen eine einzige betriebssicherere geschaffen werden könnte, die vor allem auch gut zugänglich ist ...“

Und weiter:
„... Bei den neuen Motoren des Typs HL 230 treten schon nach unverhältnismäßig geringen Laufzeiten von ca. 300 km bei den meisten Motoren immer wieder Schäden an den Zylinderkopfdichtungen auf, was den Eintritt des Kühlwassers in den Verbrennungsraum zur Folge hat ...“

Es ist interessant, wie sehr sich die Berichte in gewissen Aspekten ähneln. Gleichzeitig ergeben sich auch deutliche Widersprüche. Die Instandsetzungskompanien waren gezwungen,

Auf dem SSyms-Wagen verstaut, wurde die Kette mit Holzkeilen festgesetzt. Die schmalen Verladeketten blieben unter dem Panzer liegen. Das Umziehen der Ketten verschlang wertvolle Zeit, aus diesem Grunde wurde oft mit Gefechtsketten verladen, sofern dies möglich war. (Münch)

Hier fährt ein Tiger der s PzAbt (SS) 503 über eine improvisierte Rampe auf den SSyms-Waggon. Es erscheint zweifelhaft, ob die Konstruktion aus Strohballen und Gefechtsketten lange verwendbar blieb. Auch diese Verladung war eine Übung, sie sollte zeigen was möglich war. Diesem späten Tiger wurden die Verladeketten aufgezogen. Dank des neuen Laufwerks entfiel die Demontage von acht äußeren Laufrollen pro Seite. (Kothe)

mit einem nicht ausgereiften Gerät klar zu kommen. Im Idealfall wurden Probleme den Herstellerfirmen gemeldet, die fehlerhafte Komponenten durch Formänderungen verbesserten.

Kraftübertragung

Der PzKpfw Tiger zeigte mit der räumlichen Trennung von Motor- und Antriebskomponenten dieselbe technische Auslegung wie seine Vorgänger. Die aktuellen russischen Entwicklungen T-34 und KW-1 hatten Motor und Getriebe im Heck als zusammengefassten Antriebsblock. Diese Lösung hatte klare Vorteile:

- Der gegebene Raum des Panzerfahrzeuges konnte besser genutzt werden, was zu insgesamt kleineren Wannen und einem geringeren Gewicht führte.
- Da der Antrieb im Heck des Fahrzeuges lag, war er gut gegen Frontalbeschuss geschützt.

Die deutsche Industrie hatte sehr wohl Erfahrungen mit solchen kompakten Antriebseinheiten. Der Großtraktor der frühen 30er Jahre und die wenigen gebauten Neubaufahrzeuge zeigten genau diese Auslegung. Es erscheint naheliegend, dass die damals gemachten Erfahrungen nicht so gut waren, um diese Anordnung bei späteren Entwicklungen weiter zu verwenden. Folgende Gründe sprachen für die konventionelle Lösung:

- Beim Heckantrieb mussten die Bedienhebel des Fahrers über lange Gestänge mit dem Getriebe im Heck verbunden werden. Diese Anordnung ist schwierig zu justieren und kann bei Beschuss leicht verklemmen.
- Lagen Bremsen und Lenkgetriebe vor dem Fahrer, so waren diese für Wartungs- und Justierarbeiten leicht zugänglich, dies auch im Einsatz unter Panzerschutz.
- Der massive Getriebeblock und die Lenkbremsen boten einen zusätzlichen Schutz für Fahrer und Funker.

Praktisch alle deutschen Panzerfahrzeuge folgten der Trennung von Motor im Heck und Antriebskomponenten im Wannenbug. Der Vollständigkeit halber sei angemerkt, dass ein PzKpfw IV im Jahre 1944 zu Testzwecken auf einen kombinierten Öldruck-Antrieb im Heck umgebaut wurde.

Bei der Konzeption des VK 4501 (H) entschied sich Henschel für das beste verfügbare Wechselgetriebe, das halbautomatische Maybach Olvar. Anders als mit den konventionellen deutschen Getrieben konnte der Fahrer mit dem Olvar-Getriebe die Gänge vorwählen. Ein automatisches hydraulisches System führte sodann den eigentlichen Schaltvorgang aus. Dieses Getriebe wurde beim Tiger Ausf. E der Serienproduktion beibehalten. Das Olvar-

Getriebe machte das Fahren des Tigers auch unter schwierigen Bedingungen einfach. Es kam selten zu einem Abwürgen des Motors. Aufgrund der fast spielerischen Leichtigkeit des Schaltvorganges soll die Beschleunigung des Tigers besser gewesen sein als die des leichteren Panthers, während die Höchstgeschwindigkeit im Gelände geringer war.

Der Panther, der gemeinhin als der ausgewogenste Kampfpanzer des Zweiten Weltkrieges gilt, hatte ein ZF-Handschaltgetriebe. Die Fahrer mussten Nervenstärke zeigen, um das Fahrzeug auch unter schwierigen Einsatzbedingungen sicher zu beherrschen. Viele Veteranen erinnern sich ungern an das Unbehagen, wenn sie den Panther unter großer nervlicher Anspannung in unbekanntem Gelände fahren mussten. Es war eines der zahlreichen Probleme deutscher Kampfeinheiten, dass die Zahl gut ausgebildeter Panzerfahrer niemals den Erfordernissen entsprach. Während die Wehrmacht 1939/40 mit einem hervorragend ausgebildeten Personalstamm in den Krieg zog, verschlechterte sich die Qualität diese Ausbildung aufgrund von Fahrzeugmangel und fehlenden Kraftstoffen rapide.

Die weithin verbreitete Annahme, der Tiger sei unbeweglich und zu schwer, kann aufgrund verschiedener Berichte zumindest teilweise korrigiert werden. Im Erfahrungsbericht der 13. (Tiger) Kp des Panzer Regiment Großdeutschland vom 27. März 1943 steht zu lesen:

*„... **Fahreigenschaften:***
In einem Falle wurden zwei Tiger zur Verfolgung von fünf T-34 auf eine Entfernung von annähernd 2 km angesetzt. Trotz einer nur geringen Schneehöhe und an sich festem Untergrund ist es nicht gelungen, die Entfernung zu den Panzern des Gegners zu verringern. In der Wendigkeit steht der Tiger dem T-34 in keiner Weise nach. Aufgrund seiner an sich guten Fahreigenschaften ist der Tiger als Spitzenfahrzeug gut geeignet. Besonders erstaunlich ist sein für Panzer verhältnismäßig schnelles Anzugsvermögen, was für eine Entfaltung im Rahmen einer Spitzenkompanie besonders wichtig ist. Schneeverwehungen bis zu 1,3 m mit losem Schnee bedeuten kein Hindernis."

Fast zeitgleich meldet die s PzAbt 501 in dem Bericht Nr. 6 vom 3. Mai 1943 von ihren Erfahrungen in gänzlich anderer Umgebung:
„... Das Bemerkenswerteste in der letzten Einsatzzeit war, dass es möglich gewesen ist, die Tiger nach einem Marsch von 400 km einzusetzen. Wenngleich nach diesem Einsatz sämtliche nicht total ausgefallene Tiger nicht mehr mit eigener Kraft das Einsatzgebiet verlassen konnten und abgeschleppt werden mussten, ist es erwiesen, dass der Tiger bereits jetzt schon mit den leichteren

Ein beschädigter Tiger der s PzAbt 505 wird von zwei s Zgkw 18 t (SdKfz 9) auf einen Tieflade-Waggon verladen. Die hintere Zugmaschine trägt einen 3-t-Drehkran. (Anderson)

Dieser Tiger der s PzAbt 505 wurde wieder mit Gefechtsketten verladen. In der Praxis wurden zur Sicherung der Transporte leere Schutzwagen zwischen den SSyms-Waggons gekoppelt. (Anderson)

PzKpfw Marschgeschwindigkeiten einhalten kann, die dem Panzer bisher nicht zugetraut wurden …"

Die Industrie zeigte sich in der Lage, die Standfestigkeit des Getriebes zu verbessern. Auch die Instandsetzungseinheiten lernten, mit den Gegebenheiten zurechtzukommen. Am 10. Oktober 1943 meldet die s PzAbt 503:
„… Die Schäden an den Schaltgetrieben nahmen weiterhin merklich ab. Hauptsächlich verändern sich noch die Schaltwege bei Schaltzylinder III auf Bremsseite infolge übermäßig starker Axialdrücke …"

Tiger Ausf. B

Der Tiger Ausf. B entstand aus der Forderung, die Vorteile des Vorgängers mit den neuesten deutschen Technologien zu verbinden. Am augenfälligsten war die Einführung geneigter Panzerflächen, ähnlich dem mittleren Panzer Panther. Das hohe Schutzniveau des Tiger Ausf. E konnte so noch weit übertroffen werden. Da auch ein leistungsstärkeres Geschütz in einem größeren Turm eingebaut wurde, stieg das Gewicht um knapp 15 Tonnen.

Die grundsätzliche Auslegung des Antriebsstrangs wurde dem Gewichtszuwachs nicht angepasst, vorhandene Komponenten fanden Verwendung.

So nutzte der Tiger Ausf. B dieselbe Maschine, die auch im Panther eingebaut wurde, den Maybach HL 230 P 30 mit einer Leistung von 700 PS. Das war durchaus sinnvoll, so konnten Produktion und Nachschub vereinfacht werden. Der Tiger Ausf. B war jedoch deutlich schwerer als der Panther. Bei einem Gewicht von knapp 70 t erreichte er ein Leistungsgewicht von 10 PS/t, was sicherlich kein Fortschritt war.

Anstelle des leistungsfähigen Olvar-Getriebes von Maybach wurde das handgeschaltete und wesentlich konventioneller konstruierte Getriebe des Panthers der Zahnradfabrik Friedrichshafen eingebaut.

Auf dem Papier erreichte der Tiger Ausf. B eine Höchstgeschwindigkeit von 41,5 km/h. Über sein Beschleunigungsvermögen und seine weiteren Fahreigenschaften liegen keine Berichte vor. Es scheint sicher, dass die Beweglichkeit des Vorgängers nicht übertroffen werden konnte.

Verlässliche Berichte vom Nachfolgemodell Tiger Ausf. B liegen nur in geringer Zahl vor. Oberleutnant Oeler, der Führer der gleichnamigen Kampfgruppe (1./s PzAbt 503) schreibt in seinem Erfahrungsbericht vom 15.11.1944 über die Kämpfe in Ungarn östlich von Budapest:

„... Ein Kilometer vom Gefechtstand entfernt fuhren sich sämtliche Tiger auf den Straßen fest und mussten bis zum Morgengrauen mühsam geborgen werden. Diesem völlig unsachgemäßen Einsatz fielen (wie nicht anders zu erwarten) vier Tiger mit Ketten-, Zahnkranz- oder Getriebeschäden aus. Die Zusammenarbeit mit der Division war höchst unerfreulich. Auf die Einsatzgrundsätze der Tiger wurde überhaupt keine Rücksicht genommen...“

Wie der Tiger Ausf. E war auch das Nachfolgemodell Tiger Ausf. B einer Reihe von Beschränkungen unterworfen. Die Einsatzbereitschaft hing von vielen Faktoren ab. Die Fahrzeuge mussten regelmäßig gewartet werden, die Fahrer waren für eine kontinuierliche Pflege verantwortlich. Die Versorgung mit Kraftstoff und Ersatzteilen war lebenswichtig. Wo das Versorgungssystem zum Ende des Krieges zusammenbrach, war ein erfolgreicher Einsatz der schweren Panzerabteilungen nicht gewährleistet.

Beweglichkeit der Tiger in Schnee und Eis

Ein Vorteil von Kettenfahrzeugen liegt in ihrer hohen Geländegängigkeit. Diese ist ganz natürlich von Art und Beschaffenheit des Geländes begrenzt. Bei festem und trockenem Untergrund sind dem Einsatz von Panzern kaum Grenzen gesetzt. Starke Steigungen und enge Kurven, wie sie die Tiger der Abteilungen 504 und 508 im gebirgigen Appenin vorfanden, konnten sich sehr negativ auf die Einsatzbereitschaft der schweren Panzer auswirken.

Der Einsatz an der Ostfront war oft durch aufgeweichtes Gelände und bodenlosen Schlamm charakterisiert. Wenn auch Panzer damit vielleicht klar kamen, so litt der Nachschub von Kraftstoff, Munition und Ersatzteilen deutlich. Der Einbruch des russischen Winters brachte sehr schnell sehr tiefe Temperaturen. Zum Ende des Winters neigt das russische Klima zu wiederholten großen Temperatursprüngen. Gestern noch gut befahrbare Straßen konnten sich schnell wieder in bodenlose Schlammlöcher verwandeln. Ein verschlammtes Fahrwerk konnte buchstäblich „festfrieren“ und einen Panzer außer Gefecht setzen.

Der Werkstattleiter der s PzAbt 502 schrieb am 14. 4.1943 einen kurzen Bericht:

„Erfahrungsbericht über Winterbeweglichkeit des PzKpfw VI

Die Winterbeweglichkeit des PzKpfw VI war nicht günstig. Die bisher gelieferten Eisstollen erhöhen zwar die Griffigkeit der Kette und verhindern bis zu einem gewissen Grad das seitliche Abrutschen (solange sie nicht abgefahren sind). Sie genügen aber noch keineswegs den Forderungen der Truppe,

Zur Verladung dieses Tiger Ausf. E, vermutlich ein Fahrzeug der Leibstandarte, konnte die Kopframpe eines französischen Bahnhofs verwendet werden. Wieder wurde der Panzer mit Gefechtsketten verladen, vielleicht aus Zeitgründen. (Anderson)

denn schon bei geringen Steigungen im vereisten Gelände rutscht die Kette durch. Schon nach kurzer Laufzeit hat sich gezeigt, dass die Stollen teilweise verloren gingen und der Verschleiß derselben ist nicht unbeträchtlich (30 bis 40 km). Das Einsetzen von neuen Stollen auf dem Marsch ist schwierig, weil zunächst Eis und Schnee aus dem betreffenden Kettenglied mit der Lötlampe entfernt werden muss.

Es wird gebeten anstelle von Eisstollen jeglicher Art Winterketten zu schaffen, die mit angegossenen, kräftigen Nasen und scharfen Rippen von 40 bis 50 mm Höhe versehen sind. 10 bis 14 Stück von diesen Winterkettengliedern werden in unregelmäßigen Abständen in jede Kette eingesetzt und sie können so ausgebildet werden, dass sie in beiden Richtungen gleich gute Griffigkeit haben …

Die Fahrgeschwindigkeit muss während der Verwendung von Stollen oder Winterkettengliedern auf fest gefrorenem Boden stark herabgemindert werden, da die Beanspruchung der Schwingarme und Drehstäbe sehr groß ist. Ansonsten sind keine Schwierigkeiten aufgetreten. Der Panzer hat den Anforderungen, die im vergangenen Winter hier gestellt wurden, vollkommen entsprochen …"

Im Herbst 1943 wurden neue Ketten mit Rippen auf den Laufflächen eingeführt. Leider sind keine Erfahrungsberichte bekannt.

Eisenbahntransport

Die deutsche Wehrmacht nutzte die Vorteile schienengebundener Transportmittel, wo immer diese verfügbar waren. Zum Teil erklärt sich diese Tatsache sicherlich aus der Tatsache, dass die technischen Komponenten z.B. von Panzern längeren Straßenmärschen nicht gewachsen waren. Um das wertvolle Material weitgehend zu schonen, wurden auch verhältnismäßig kurze Distanzen auf der Schiene zurückgelegt.

Im Osten Europas war kein leistungsfähiges Straßennetz vorhanden. Die wichtigen Städte waren durch Bahnlinien erschlossen, die wiederum von den deutschen Truppenteilen genutzt wurden.

Der neuentwickelte schwere Panzer stellte die Verantwortlichen vor gewisse Probleme. Das hohe Gewicht des Tiger Ausf. E von 56 t erforderte die Verwendung von sechsachsigen Schwerlastwaggons vom Typ SSyms. Die Gesamtbreite des Tiger Ausf. E überragte mit 3.705 mm das übliche maximale Lademaß von 3.500 mm. Um bei Gegenverkehr sicher fahren zu können, wurden der Tiger Ausf. E, und später auch der Tiger Ausf. B, mit zwei verschiedenen Ketten ausgestattet. Die breitere Gefechtskette (725 mm) wurde im Einsatz gefahren, eine schmale Transportkette (520 mm) wurde aufgezogen, wenn der Panzer verladen

Dieser reichlich mitgenommene Tiger Ausf. E zeigt das Vollstahl-Laufwerk der späteren Baureihe. Auch der Zimmeritbelag, der das Einsetzen von magnetischen Haftminen erschweren sollte, ist gut erkennbar. Dieses Fahrzeug der s PzAbt 507 wurde von der Truppe mit einer Transportverzurrung für das Geschützrohr versehen.
(Anderson)

Der Transport auf der Schiene war nicht ohne Risiko. Hier fiel ein kompletter Zug einem feindlichen Angriff zum Opfer. Der Zustand des Tigers lässt auf einen Artillerieüberfall oder einen massiven Luftangriff schließen. (Erdmann)

werden sollte. Die äußeren Laufrollen des Schachtellaufwerks mussten ebenfalls entfernt werden, insgesamt zog sich diese Maßnahme über 30 Minuten pro Seite hin.

Die Gefechtsketten des Tiger Ausf. B hatten eine Breite von 800 mm, die Verladeketten eine Breite von 660 mm. Da dessen Schachtellaufwerk anders gestaltet war, entfiel hier die Entnahme der äußeren Laufrollen.

Die Verladeketten waren Bestandteil der SSyms Waggons, und sollten auf diesen verbleiben. Die Truppe war verantwortlich für die Pflege und das Verladen der Ketten (96 Glieder pro Seite) auf den Waggons nach der Benutzung. SSyms-Wagen mussten rechtzeitig beantragt werden.

Das Nachrichtenblatt der Panzertruppen veröffentlichte einen kurzen Artikel in der Ausgabe vom September 1944:

„Verladeketten für Tiger

Die PzKpfw Tiger I und Tiger II haben verschiedene Laufräder und erfordern deshalb verschiedene Verladeketten. Diese werden, damit sie leicht zu unterscheiden sind, durch Farbanstrich kenntlich gemacht:

Tiger I = Verladeketten mit grünen Anstrich
Tiger II = Verladeketten mit rotem Anstrich

Bei Waggonanforderung zum Transport von Tigern ist zu bestellen:
a) SSyms grün = SSyms-Waggon mit grünen Verladeketten für Tiger I
b) SSyms rot = SSyms-Waggon mit roten Verladeketten für Tiger II

Die Verladeketten sind pfleglich zu behandeln. Ihr Farbanstrich ist zu schonen und bei Bedarf zu erneuern. Es ist darauf zu achten, dass die Verladeketten nach erfolgter Entladung des Panzerkampfwagen auf den betreffenden Waggon zurückgelegt werden."

Der Kommandeur der Panzer Abteilung 506 in seinem vorläufigen Erfahrungsbericht:

„… Antransport mit der Bahn

Die Abteilung wurde vom 9.8.1943, 17.00 Uhr, bis 12.8.1943, 18.00 Uhr, auf einer Kopframpe und einer Sonderverladekopframpe für Tiger, sowie an einer Seitenrampe für Radfahrzeuge auf elf Transporte verladen (Dauer drei Tage).

In Snamenka, 25 km nordostwärts Kirowo, sollte der Wechsel von Verladekette auf Marschkette erfolgen, damit die Entladung der Tiger am Endbahnhof schneller geht und pro Transport über eine Kopframpe etwa eine 1/2 Stunde dauert. Die Züge wurden über Dnjepropetrowsk - Sinelnikowo nach Saporoshje weitergeleitet, jedoch ohne Kettenwechsel. Auf der schlechten und stark beschädigten Kopframpe dauerte das Entladen sehr lange, sodass die rasch aufeinander eintreffenden Transportzüge 1 bis 1 ½ Tage warten mussten, was nicht geschehen wäre, wenn unterwegs der Kettenwechsel durchgeführt worden wäre … Erst am 20.9., 9.00 Uhr, war der neunte Transport ausgeladen. Am

Diese drei beschädigten Tiger Ausf. E einer unbekannten Einheit an der Westfront waren bereits zum Abtransport auf SSyms-Waggons verladen, als sie am 31.8.1944 durch amerikanische Truppen in Reims erwartet wurden.
(Signal Corps)

20.9.43 gegen 3.00 Uhr kam der zusammengelegte zehnte und elfte Transport in Dnjeprostoroj an. Die Verladeketten mussten auf dem Bahnhof liegen bleiben, um das Entladen der zum Einsatz dringend benötigten Tiger zu beschleunigen. Später wurden die Verladeketten durch ein Arbeitskommando auf die SSyms-Wagen verladen. Dies führte zu Reibungen mit der Bahnhofskommandantur, wurde aber vom XVII. Armeekorps als notwendig entschieden. Durch die lange Entladung wurde der durch die Rückwärtsbewegungen erhöhte Bahnbetrieb sehr erschwert. Alle Züge kamen von Partisanen unbehelligt an. Das Ausgeben der warmen Zusatzverpflegung unterwegs klappte gut …"

In diesem Bericht werden die Probleme deutlich erkennbar. Die Abteilung wurde auf elf Eisenbahntransportzüge verladen, allein dafür mussten drei Tage veranschlagt werden. Für die Strecke von gut 250 km wurden so insgesamt elf Tage gebraucht. Die taktisch richtige Absicht des Abteilungskommandeurs, den Kettenwechsel zwischendurch jeweils bei Kirowo durchzuführen misslang, da die Transporte aufgrund der Lage umgeleitet werden mussten. Im Zielbahnhof kam es dann zu einem Rückstau der Transportzüge, was zu weiteren Behinderungen führte. In dieser Situation hätten die Züge ein leichtes Ziel für gegnerische Flugzeuge oder Partisanen dargestellt. Die Abteilung hatte jedoch Glück. Kaum ausgeladen, mussten die Tiger die auf wenige Panzer zusammengeschrumpfte 9. PzDiv unterstützen.

Am 15.1.44 schrieb der Kommandeur der s PzAbt 506 einen genaueren Erfahrungsbericht für die Zeit vom 20.9.43 bis 10.1.44:

„Die Abteilung hatte der Zeit vom 20.9.43 bis 10.1.44 213 Panzer und 194 PaK bzw. Geschütze vernichtet. Die Abteilung kämpfte im Rahmen folgender Divisionen:
9. PzDiv
123. InfDiv
16. PzGrenDiv
23. Pzdiv
11. Pzdiv
13. Pzdiv
17. Pzdiv …

… Transport:
Die Verlegung durch Eisenbahn stößt jedes Mal auf große Schwierigkeiten, da nie genügend SSyms-Wagen zur Verfügung stehen. So wurden bei der Verlegung am 29. und 30.12.43 13 Tiger abgefahren. Drei einsatzbereite Tiger in Nikolajew und drei weitere in Kriwoi-Rog konnten wegen Mangels an SSyms-Wagen nicht mitgeführt werden. Erst jetzt, am 9.1.44, konnte bei der Heeresgruppe erreicht werden, dass die inzwischen einsatzbereit gewordenen zwölf Tiger aus dem Raum

Flüsse waren ernstzunehmende Hindernisse für Panzereinheiten. Die Einführung des schweren Panzers Tiger stellte Brückenbaupioniere vor große Probleme. Hier wartet ein Tiger der s PzAbt 505 auf eine Pontonfähre. (Anderson)

Kriwoi-Rog und Nikolajew der Abteilung zugeführt werden …"

Die schweren Panzerabteilungen hatten selten mehr als 50% ihres Fahrzeug-Sollbestands einsatzbereit. Tiger, die tage- oder wochenlang auf Bahnhöfen herumstanden, minderten deren Einsatzbereitschaft beträchtlich.

Partisanen stellten eine ständige Bedrohung dar. Alfred Rubbel, ein Veteran der s PzAbt 503, erinnert sich in seinem Tagebuch: *„… Weil die Tragkraft der russischen Eisenbahnbrücken unzureichend war, mussten zwischen zwei SSyms Tiger-Waggons jeweils drei Schutzwagen (leere Waggons) gekuppelt werden. So wurde eine Überlastung der Brücke vermieden. Unser Zug hatte fünf SSyms und zwölf Schutzwagen. Wo immer Partisanen erwartet wurden, kuppelten wir zwei weitere Schutzwagen vor die Lokomotive aufgrund der Minengefahr …"*

Zusammenfassend muss anerkannt werden, dass die Deutsche Reichsbahn ihre Aufgabe unter sehr schweren Bedingungen gut erfüllt hat. Die Probleme waren vielfältig, so war die wachsende Partisanengefahr nicht zu unterschätzen. Auch der Verlust der Lufthoheit behinderte den Schienenverkehr beträchtlich, mit entsprechenden Folgen für die Versorgung der kämpfenden Truppe.

Dieser Tiger der s PzAbt 506 wird auf einer Pontonfähre über einen Fluss übergesetzt. Die entspannte Haltung der Soldaten zeigt, dass auch so ein Unternehmen Routine war. (Anderson)

Dieser Tiger zeigt drohend seine Hauptbewaffnung, die 8,8-cm-KwK 36. Entwickelt aus der berühmten 8,8-cm-FlaK, war diese Panzerkanone bis zum Ende des Krieges eine überlegene Waffe. (Münch)

Feuerkraft

Der gute Ruf des Tiger Ausf. E beruhte zum Teil auf der Wirkung seiner Hauptbewaffnung, der 8,8-cm-Kwk 36.

Wie bereits geschildert, sollte der schwere Panzer zu Beginn der Entwicklung eine Waffe mit konischem Rohr erhalten. Diese zukunftsweisende Technologie erreichte die verlangten überdurchschnittlichen Durchschlagsleistungen, und dies bei einem verhältnismäßig kleinen Kaliber mit dementsprechend kleineren Abmessungen und niedrigerem Gewicht. Zur Produktion der Munition wurde jedoch Wolfram benötigt. Dieses Schwermetall war ein Mangelmaterial, eine ausreichende Versorgung war nicht gewährleistet. Nach realistischer Abwägung der Materiallage fiel die Entscheidung dann zu Gunsten der 8,8-cm-KwK 36.

Die 8,8-cm-KwK 36 L/56 war auf Basis der 8,8-cm-FlaK entwickelt worden. Als Flugabwehrgeschütz entwickelte diese Kanone eine hohe Anfangsgeschwindigkeit mit gestreckter Flugbahn. Die somit zu erwartende Treffgenauigkeit und hohe Durchschlagsleistung sprach für eine Verwendung in einem Panzer.

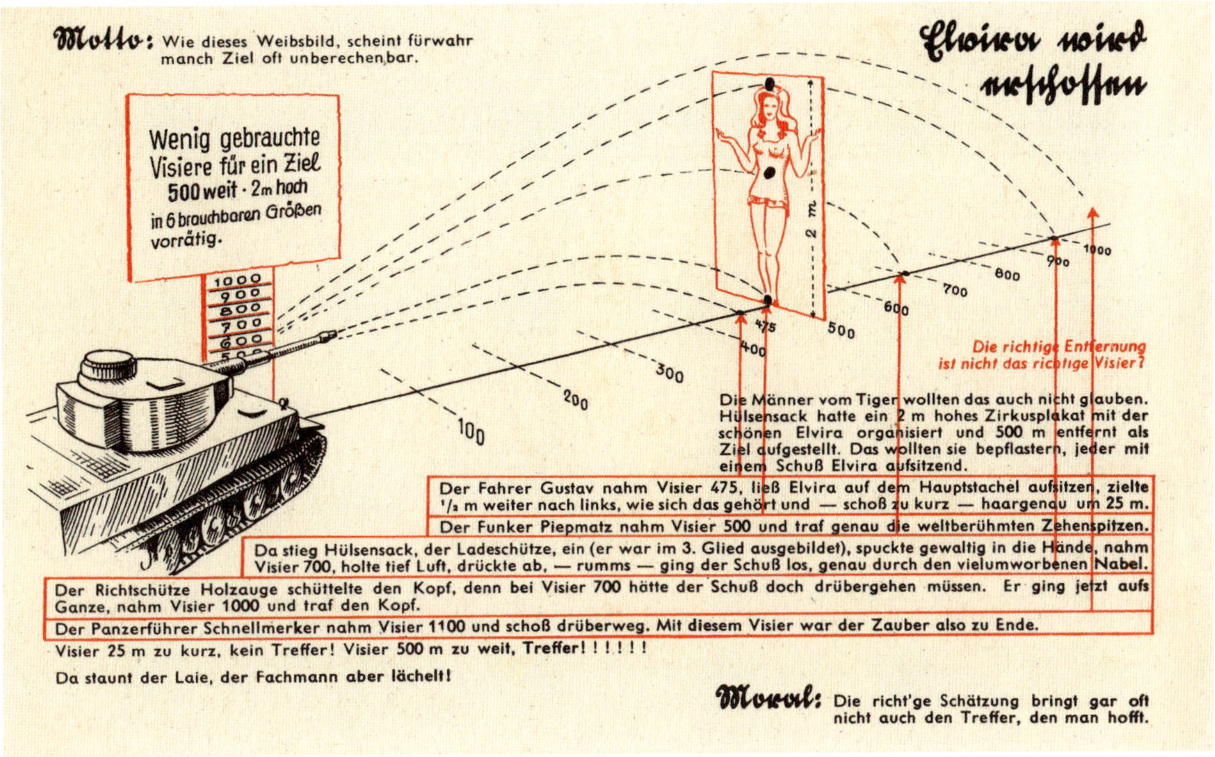

Die Tiger-Fibel bot auch dem Richtschützen lehrreiche Unterhaltung. Dieses Schaubild erklärte die Tücken der Visiereinstellung. Um ein 2 m großes Ziel mittig zu treffen, durfte nicht die tatsächliche Zielentfernung von 500 m eingestellt werden, sondern eine weitere (700 m). (D 656/27)

Für ein Jahr sollte die KwK 36 die leistungsstärkste Panzerkanone an allen Fronten sein. Das Geschützrohr hatte eine Rohrlänge von 4,93 m (L/56). Die hohe Anfangsgeschwindigkeit der Panzergranate erlaubte die Bekämpfung von Panzern auf weite Entfernungen. Aufgrund des großen Kalibers hatte auch das Explosivgeschoss eine vernichtende Wirkung im Ziel.

Beobachtungsmittel

Die ersten Tiger Ausf. E wurden mit dem binokularen Zielfernrohr (TZF 9b) ausgerüstet. Laut der Vorschrift D 565/22 war dies im Prinzip ein knickbares Doppelfernrohr. Die Hauptbewaffnung konnte damit auf Entfernungen bis zu 4.000 m zielsicher gerichtet werden, das koaxiale Maschinengewehr bis zu 1.200 m.

Dieses Zielfernrohr wurde auch für die ersten 50 Exemplare des Nachfolgemodells Tiger Ausf. B verwendet. Mitte 1944 wurde ein einfacheres monokulares Turmzielfernrohr (TZF 9c) eingeführt, das auch beim Tiger Ausf. E bis zu dessen Produktionsende eingebaut wurde.

Bereits früh begannen Bestrebungen, die Leistungen der Zieleinrichtung durch die Einführung eines EM 09 Entfernungsmessers zu verbessern (Basis 0,9 m). Die technischen Details bleiben dabei unbekannt, es erscheint fraglich, wie genau dieser Entfernungsmesser im Einsatz verwendet werden sollte. Ein organischer Einbau in den Panzer war nicht möglich. Major Lueder, der Kommandeur der s PzAbt 501, erhielt während des Jahreswechsels 1942/43 eine Reihe Entfernungsmesser für einen Truppenversuch. Hier Auszüge seines Berichtes vom 16. Februar 1943:

„… Frage E-Messer:

… Die EM 09 sind erst kürzlich in einigen Exemplaren hier eingetroffen, mit Masse stehen sie noch in Italien. Versuche haben ergeben, dass erstmal eine Auswahl von Leuten stattfinden muss, die überhaupt räumlich sehen können – eine Schwierigkeit, der ich erst jetzt bewusst geworden bin. Zu einer solchen Prüfung gehören besondere Geräte, die wohl nur bei den psychologischen Prüfstellen vorhanden sind. Ich lasse in den nächsten Tagen bei der FlaK Gruppe Tunis am 4 Meter-Messer eine behelfsmäßige Prüfung und Auswahl stattfinden, da man an diesem Gerät wenigstens annähernd

Anlage zu
H. Dv. 469/3 b

Nur für den Dienstgebrauch!
Nicht in Feindeshand fallen lassen!

Panzer-
Beschußtafel

(Abwehr schwer zu bekämpfender Panzerfahrzeuge)

8,8 cm KwK 36

Stand: 15. 2. 43

Auch für die 8,8-cm-KwK 36 waren Panzer-Beschusstafeln verfügbar, die die Abwehr schwer zu bekämpfender Panzerfahrzeuge erläuterten.
(HDv 469/3b)

feststellen kann, ob die Leute das Wesentliche erfassen … Bevor also Erfahrungen über die Verwendung des EM 09 am Tiger gemacht werden können, ist allerhand Arbeit notwendig, die wiederum hier viel Zeit beansprucht, da die Abteilung auf 250 km auseinandergezogen ist und Krieg macht! … Ich wäre dankbar, wenn Herr Oberstleutnant von sich aus auch darauf hinweisen würden, dass sowas Zeit braucht, dass wir außer Entfernung zu messen auch noch anderes zu tun haben … Der E-Messer muss ja wohl vom Panzer von einem Besatzungsmitglied bedient werden können … Das ist wohl auch klar erkannt, denn die In 6 hat jetzt schon Halterungen für den 0,9 am Tiger angemeldet."

Es erscheint fraglich, ob es jemals zu diesen Untersuchungen gekommen ist. Die Einführung stereoskopischer Entfernungsmesser sollte erst gegen Ende 1944 wieder Beachtung finden. Zu einer Nutzung dieser vielversprechenden Technologie in gepanzerten Fahrzeugen ist es im Kriege auf deutscher Seite nicht mehr gekommen.

Die Zielgenauigkeit der binokularen Zieleinrichtung war sehr gut. Die s PzAbt 503 meldete somit am 15. April 1943 an die 16. Infanteriedivision:

„… 8,8 cm Panzergranate
Erfolge gegen Feindpanzer waren sowohl bei kleinen wie auch bei großen Entfernung zu verzeichnen. Günstigste Entfernung 1.200 bis 2.000 m. Bei Entfernungen bis zu 2.000 m ist mit Volltreffer schon beim ersten, spätestens beim zweiten Schuss zu rechnen. Ebenfalls sind bei diesen Entfernungen kleine Schätzungsfehler fast ohne Bedeutung. Jedoch ist auch bei Entfernungen über 3.000 m bei guter Sicht ein Erfolg möglich. Zum Beispiel hat ein PzKpfw VI mit einer Munitionsversorgung von nur 18 Granaten auf eine Entfernung von 2.500 bis 3.000 m fünf T-34 (davon drei in Querfahrt) vernichtet. Die Optik des PzKpfw VI genügt den Anforderungen der Truppe. Folgende Verbesserungen der Optik werden vorgeschlagen:
1. Da die Ausblickgläser der doppelten Optik häufig anlaufen und leicht verschmutzen, wird für beide Objektive ein Optikwischer gefordert. Zum wischen hat sich Leder statt Filz bewährt.
2. Die feststehende Strichplatte im linken Optikrohr müsste ebenso zu bewegen sein wie die rechte, damit bei einem Ausfall des rechten Optikrohrs die gleichen Voraussetzungen zum Richten beim linken Rohr vorliegen …
3. Für den Richtschützen müsste ein Winkelspiegel in die Höhe der Richtschützen-Turmlampe (wie beim T-34) angebracht werden …"

Munition

Die Munition der 8,8-cm-KwK 36 wurde von der der 8,8-cm-FlaK abgeleitet, die ballistischen Daten waren identisch. Die Munition konnte jedoch nicht einfach ausgetauscht werden, da die 8,8-cm-FlaK einen mechanisch arbeitenden Schlagbolzen hatte, die KwK jedoch eine elektrische Abfeuerungsanlage.

Die 8,8 cm SprGrPatr (Sprenggranat-Patrone, gelb) konnte mit oder ohne Verzögerung verschossen werden.

Die 8,8 cm PzGrPatr 39 (Panzergranat-Patrone, schwarz mit weißer Spitze) diente zur Bekämpfung gepanzerter Ziele. Dieses Ge-

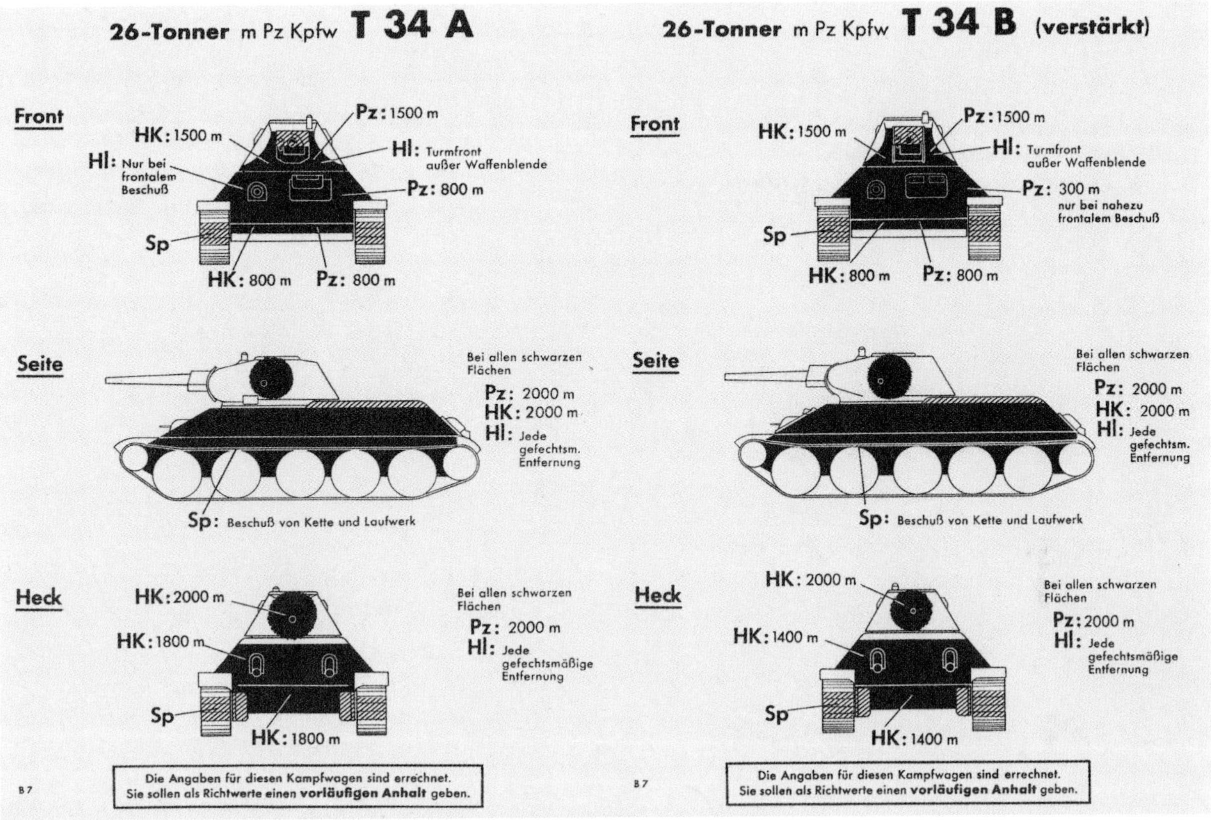

Der T-34 in seinen verschiedenen Bauarten war ein gefürchteter Gegner an der Ostfront. Mit Einführung der 7,5-cm-KwK 40 konnte dieser mittlere Panzer sicher bekämpft werden. Der Tiger mit seiner 8,8-cm-KwK konnte das Feuer bereits auf weite Entfernungen eröffnen. (HDv 469/3b)

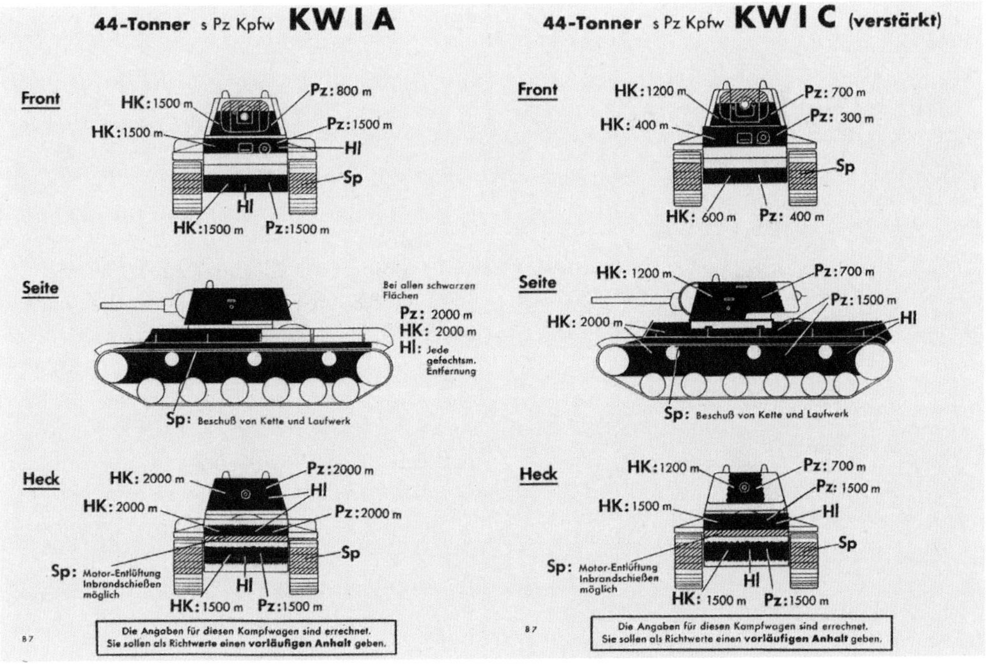

Das Gleiche galt für den schweren Panzer KW-1. Die schwarzen Flächen bezeichneten die Stellen, die auf jede Gefechtsentfernung sicher durchschlagen werden konnten. (HDv 469/3b)

Dieser KW-1 Modell 1942 mit Gussturm wurde während des Unternehmens Zitadelle durch Tiger zusammengeschossen. An Turm und Wanne sind drei saubere Durchschüsse erkennbar. (Anderson)

schoss wurde im allgemeinen Sprachgebrauch Panzergranate oder Panzer-Kopfgranate genannt.

Die 8,8 cm PzGrPatr 40 (schwarz) war ein Hartkerngeschoss (Wolframkern) mit außergewöhnlichen Leistungen.

Die GrPatr 39 (HL) war ein Hohlladungsgeschoß für den Einsatz gegen Panzer.

Das Oberkommando des Heeres (OKH) veröffentlichte am 1. April 1943 die ballistischen Daten der verfügbaren Panzergranaten (siehe Tabelle unten).

Die höhere Leistungsfähigkeit der PzGrPatr 40 ist offensichtlich. Dieses Hartkerngeschoss war für Panzerabwehr- und Panzerkanonen aller Kaliber entwickelt worden. Aufgrund der angespannten Versorgungslage mit Wolfram waren jedoch nur geringe Munitionsbestände vorhanden. Leider liegt kein verlässliches Dokument zu den Produktionszahlen der 8,8 cm PzGrPatr 40 vor. Im Falle der 7,5-cm-KwK 40 (PzKpfw IV und StuG) sind Zahlen verfügbar. Im Dezember 1942 betrug der Vorrat an normalen 7,5 cm PzGrPatr 39 276.000 Schuss. Weitere 135.000 sollten im Dezember produziert werden. Zu diesem Zeitpunkt waren keine 7,5 cm PzGrPatr 40 vorrätig, für Dezember sollten nur 5000 Stück produziert werden. Es ist nicht bekannt, ob diese vorsichtigen Zahlen erreicht wurden.

Im April 1943 stellte das Waffenamt eine Liste des Munitionsverbrauchs auf. Zwischen Dezember 1942 bis März 1943 wurden 16.400 7,5 cm SprGrPatr und 19.000 7,5 cm PzGrPatr 39, aber nur 100 PzGrPatr 40 verschossen. Das

DURCHSCHLAGSDATEN 8,8-CM-KWK 36 L/56

8,8-cm-KwK 36 (L/56)	100 m	500 m	1.000 m	1.500 m	2.000 m
8,8 PzGrPatr 39	118	111	100	92	84
8,8 PzGrPatr 40	170	158	140	–	110
8,8 cm GrPatr 39 HL	90	90	90	90	90

entspricht einem Anteil von 0,5 Prozent. Dasselbe Dokument offenbart, dass bei den 7,5 cm PaK 40 und den 5 cm PaK 38 die Anteile von Hartkerngeschossen 23% bzw. 21% betrugen.

Es erscheint naheliegend, dass die Leistung der 8,8 cm PzGrPatr 39 als ausreichend erachtet wurde. Dies könnte die geringe Produktion von Hartkerngeschossen erklären. Mitte 1943 wurde die Fertigung der 8,8 cm PzGrPatr 40 für die KwK 36 eingestellt.

Alfred Rubbel, ein Veteran der s PzAbt 503, erinnert sich, dass seine Einheit niemals an Munitionsmangel litt:

„... wenn wir nichts reinbekamen, bedienten wir Panzermänner uns aus Beständen der Luftwaffe oder der Heeres FlaK. Wenn auch die Zündladungen der FlaK unterschiedlich waren, so lernten wir, diese auszutauschen. Der weise Panzermann hatte immer ein paar elektrische Zünder in der Tasche."

Die 8,8-cm-KwK konnte in gewissen Grenzen artilleristisch eingesetzt werden. Die s PzAbt 503 berichtete von einem Schul-Gefechtsschießen mit Höhen-Richtaufsatz. Dieses scheint mit vollem Erfolg abgeschlossen worden zu sein. Der Richtaufsatz wurde für Richtentfernungen jenseits 4.000 m entwickelt, unterhalb dieser Grenze konnte das Turmzielfernrohr verwendet werden. Laut dem Bericht brauch-

Zwei Soldaten haben einen T-34 Modell 1943 gesichert, der sicherlich als Beutepanzer Verwendung finden wird. Im Hintergrund steht ein britischer Infantry Tank Mk II Mathilda, der im Rahmen des Pacht- und Leihabkommens an die Sowjetunion geliefert wurde. Bei Entfernungen über 600 m war der T-34 kein gleichwertiger Gegner für den Tiger. (Hoppe)

Um die neuen deutschen Panzer vom Typ Tiger bekämpfen zu können, entwickelten die Russen um die Jahreswende 1942/43 erstmals Panzerjäger mit schweren Geschützen. Dieser SU-122 konnte den Tigern gefährlich werden, wie in einigen Erfahrungsberichten geschildert wird. (Konetzny)

1943 wurde der KW-1 kampfwertgesteigert. Es gelang, das Gewicht der Wanne zu reduzieren und einen deutlich größeren Gussturm mit einer 85 mm-Kanone aufzubauen. Der KW-85 war ebenfalls ein gefährlicher Gegner für den Tiger Ausf. E. (Anderson)

te die wenig rasante SprGrPatr mehr als 18 Sekunden, um eine Entfernung von 8 km zu überbrücken. Die Flugbahn wurde sowohl durch Seitenwind als auch durch den Drall beeinflusst, diese Faktoren mussten beim Richten berücksichtigt werden. Die Richtschützen nutzten das Gabel-Verfahren (siehe Tabelle unten).

Sekundärbewaffnung: Zur Selbstverteidigung standen dem Tiger zwei Maschinengewehre zur Verfügung. Ein MG 34 war in der Wannenfront vor dem Funker in einer Kugelblende montiert. Ein weiteres Maschinengewehr war rechts neben dem Geschütz eingebaut, dieses diente nach Ausbau zur Fliegerabwehr.

Weitere Verteidigungsmittel: Zur Einnebelung des Fahrzeuges bei Reparatur oder zur Verschleierung von Absetzbewegungen waren am Turm des Tigers Nebelkerzen-Wurfgeräte montiert. Diese Geräte wurden ab Herbst 1942 bis 1943 bei den meisten deutschen Fahrzeugen verwendet. Im harten Einsatz sollte sich schnell zeigen, dass diese pyrotechnischen Mittel durch Feindbeschuss leicht gezündet wurden. Der Einsatz des Fahrzeuges konnte so beeinträchtigt werden. Aus diesem Grunde wurden die Nebelwurfkörper ab Mitte 1943 nicht mehr verwendet. 1944 wurde eine neue Nahverteidigungswaffe entwickelt

GABEL-VERFAHREN

Ziel	Entfernung	Munition
T-34	1.800 m	2 Pz.Gr.
4,5 cm PaK in Stellung	1.400 m	6 Spr.Gr.
7,62 cm PaK in Stellung	4.800 m	5 Spr. Gr.

und eingeführt. Ein kleiner Granatwerfer wurde im Fahrzeug unter dem Aufbau- oder Turmdach drehbar montiert. So konnten entweder Nebelwurfkörper oder Splittergranaten abgefeuert werden, die über dem Panzer detonierten. Auf diese Weise wurde der Panzer entweder eingenebelt, oder feindliche Panzerbekämpfungstrupps durch Splitterwirkung bekämpft.

Einsatzberichte

Hauptmann Lange, der Kommandeur der 2./s PzAbt 502 berichtet am 29. Januar 1943:

„Feuerkampf:

Die günstigste Schussentfernung bis 1.500 m, bei gut justierten Waffen einwandfreie Treffer. Wir-

Im Jahr 1944 erschien der T-34/85 in großen Stückzahlen auf dem Gefechtsfeld. Diese logische Weiterentwicklung des berühmten russischen mittleren Panzers war ebenfalls mit 85 mm-Kanonen bewaffnet. Er war dem deutschen PzKpfw IV und dem Sturmgeschütz klar überlegen. Der Tiger konnte das Gefecht mit ihm auf jede Entfernung erfolgreich aufnehmen. (Anderson)

Diese amerikanischen Panzer, ein M4A1 Sherman und ein M3 General Lee, wurden in Nordafrika erbeutet und in Deutschland eingehend untersucht. Der Kampfwert dieser Fahrzeuge war vergleichsweise gering, die Leistungsfähigkeit von Fahrwerk und Kraftübertragung war jedoch höher als bei deutschen Panzern. (Zöllner)

Panzer vom Typ Sherman und General Lee wurden in großen Stückzahlen an die Sowjetunion geliefert. Dieser M3 war mit der leistungsstärkeren 75-mm-Gun M3 ausgerüstet. Die Russen nannten diesen Typ „Grab für sechs Brüder", wohl ein Zeichen dafür, dass er nicht sonderlich beliebt war. (Anderson)

kung und Durchschlagsleistung der 8,8 bis jetzt bei allen Zielen einwandfrei. Das Verhältnis der Munitionsausstattung muss eins zu eins Panzergranaten und Sprenggranaten sein. Bei den letzten Gefechten waren nur Panzergranaten vorhanden. Die Granatpatronenböden waren zum Teil stärker, sodass Hemmungen eintraten, weil der Verschluss dadurch klemmte.

Änderungswünsche:
Kommandant: die Kommandantenkuppel muss niedriger werden …
Richtschütze: Handrad der Höhenrichtmaschine höher legen …
Ladeschütze: das MG ist zu nahe an der KwK …
Fahrer: Sehschlitze klemmt leicht …
Funker: Panzer schlecht entstört …"

Und aus dem Erfahrungsbericht der 13. Kompanie (Tigerkompanie) des Panzer Regiments Großdeutschland vom 27. März 1943:

*„… **Bewaffnung:***
Die 8,8-cm-KwK erwies sich als zuverlässig und wirkungsvoll schießende Waffe. Irgendwelche Mängel oder Schäden an der elektrischen Abfeuerungsanlage oder dergl. traten nicht auf. Auf eine Entfernung bis 5.000 m wurden mit Sprenggranaten auf marschierende Artilleriekolonnen mit dem dritten Schuss Volltreffer erzielt. Bespannung und Menschen lagen sofort im Schnee. Mit der Panzerkopfgranate (Panzergranate 39, der Verf.) konnten bis zu Entfernungen von 1.500 m und mehr auf T-34 bei sparsamsten Munitionseinsatz durchschlagende Treffer erzielt werden …

Allgemeine und technische Erfahrungen:
Bei einem Erkundungs-Unternehmen stießen zwei Tiger frontal auf ca. 20 Russenpanzer, während weitere russische Panzer von hinten angriffen. Es entwickelte sich ein Gefecht, in dem sich Panzer und Waffe des Tigers hervorragend bewährten …
Ergebnis: Abschuss von zehn feindlichen Kampfwagen durch zwei Tiger innerhalb von 15 Minuten.

Mit der KwK wurden auf eine Entfernung zwischen 600 und 1.000 m meistens durchweg beim ersten Schuss Volltreffer erzielt. Auf diese Entfernung ist mit Panzergranate bei frontalem Beschuss des T-34 eine absolut durchschlagende Wirkung erzielt worden. Die Granate durchschlug meistens den Frontpanzer und zerstörte hinten noch den Motor. In sehr seltenen Fällen gelang es, bei frontalem Beschuss den T-34 in Brand zu schießen. Schüsse aus gleicher Entfernung seitlich auf den hinteren Teil der Wanne oder von hinten auf das Heck des feindlichen Kampfwagen hatten in 80%

Der Sherman konnte aufgrund seiner genial einfachen Konstruktion ständig leistungsgesteigert werden. Dieser M4A3E8 war mit einem verbesserten Laufwerk mit breiten Ketten und der deutlich besseren 76 mm Gun M1 ausgestattet. Dank seiner Kanone konnte diese Variante den Kampf mit dem Tiger Ausf. E aufnehmen. Sowohl der Tiger Ausf. E als auch der Königstiger blieben jedoch weit überlegen. (Signal Corps)

aller Fälle die Explosion der Betriebsstofftanks zur Folge. Auch auf 1.500 m und mehr ist bei einigermaßen günstiger Witterung ein durchschlagender Erfolg auf den T-34 bei sparsamsten Munitionseinsatz zu erzielen. Versuche im Beschuss auf den gleichen Panzer mit Sprenggranaten konnten nicht gemacht werden, da Sprenggranaten zurzeit nur in ganz geringer Mengen verfügbar …“

Die PzErsAbt (Panzer Ersatzabteilung) 500 war verantwortlich für die Ausbildung am schweren Panzer Tiger, sie wurde Anfang 1943 nach Paderborn verlegt. Ausschlaggebend dafür war die Nähe zum Hersteller des Tigers, Henschel mit Sitz in Kassel sowie zum Schieß- und Übungsplatz Sennelager. Die Ausbildungslehrgänge in Paderborn waren allgemein als Tiger-Lehrgänge bekannt. Im Mai 1943 wurde eine Zusammenfassung von Berichten über Einsatzerfahrungen mit dem Tiger veröffentlicht, ein Auszug:
„… Die KwK 8,8 cm hat eine ganz ausgezeichnete Wirkung und Durchschlagskraft. Die günstigen Schussentfernungen liegen bis zu 2.000 m. Zum Beispiel hat ein Tiger in Russland mit Entfernungen von 2.200 bis 3.000 m bei guter Sicht und überhöhter Hangstellung mit 18 Panzer- und Sprenggranaten fünf im Tal befindlichen T 34, drei davon in Querfahrt, und eine PaK 7,62 cm ver-

An der Westfront sollten M4 Sherman in großer Stückzahl eingesetzt werden. Die Besatzung dieses M4 verstärkt den Frontpanzer mit Beton, sicherlich um deutsche Nahbekämpfungswaffen wie Panzerfaust und Ofenrohr abzuwehren. Die vernichtende Wirkung der deutschen 7,5 cm- und 8,8 cm-Panzerkanonen wäre sicher nicht beeinträchtigt worden. (Signal Corps)

Der M-26 schließlich war eine komplette Neukonstruktion, die eine gute Panzerung mit einem leistungsfähigen 90 mm-Geschütz verband. In Bezug auf die Leistung konnte der Abstand zu den modernen deutschen Panzern verringert werden.
(Signal Corps)

nichtet. In Afrika wurde der Feindpanzer General Sherman auf folgende Entfernung abgeschossen: 3.400 m frontaler glatter Durchschuss ins Getriebe, bei 600 m gestanzter Einschuss und gerissener Ausschuss. Auch alle anderen aufgetretenen Feindpanzer wurden glatt durchschlagen. Die Besatzungen sind mit dieser Kanone sehr zufrieden …"

Der Tiger Ausf. B (Königstiger)

Noch bevor der Tiger Ausf. E an die ersten Einheiten ausgeliefert wurde, begann die Arbeit an einem noch leistungsfähigeren Nachfolgemodell. Ein wichtiger Teil dieses Konzeptes war eine neue Kanone mit höherer Mündungsgeschwindigkeit, die noch bessere Durchschlagsdaten aufweisen sollte.

1941 hatte Rheinmetall die 8,8-cm-FlaK 41 als Nachfolger der 8,8-cm-FlaK 36/37 entwickelt. Hitler war vom langen Lauf (L/74) und den ballistischen Leistungen scheinbar sehr beeindruckt. Er und seine Entourage verlangten daraufhin die Entwicklung einer entsprechenden Panzerkanone. In der Drucksache „Überblick über den Stand der Entwicklungen beim Heer" vom 1. Juli 1942 ist zu lesen:

„Forderung: Nachfolger für die 8,8 KwK 36 für VK 4501 (Porsche) …"

Seit Ende 1941 lief das s PaK Programm, das die schnelle Einführung von leistungsfähigen Panzerabwehrkanonen zum Ziel hatte, um die gerade aufgetretenen schweren russischen Panzer bekämpfen zu können. Bereits ein Jahr später gipfelte dieses Programm in der 8,8 cm PaK 43/41, die ebenfalls aus der Entwicklungslinie der KwK 41 entstammte. Diese Panzerabwehrkanone zeigte bemerkenswerte Leistungen, im April 1943 wurden die ersten Geschütze an die Truppe ausgeliefert.

Ein halbes Jahr später war die neue Panzerkanone fertigungsreif. Die ersten 50 Tiger Ausf. B wurden mit der 8,8-cm-KwK 43 L/72 ausgestattet, die ein sehr schlankes einteiliges Geschützrohr zeigte. Die restlichen Tiger Ausf. B wurden mit zweiteiligen Rohren ausgeliefert, die leichter herzustellen waren. Anders als im Fall der 8,8-cm-KwK 36 ist es schwierig, verlässliche Berichte über die Leistung der KwK 43 zu finden. Die in der Sekundärliteratur sowie im Internet kursierenden Daten können nicht verifiziert werden.

Die verlässliche Versorgung der Panzereinheiten im Felde war Grundvoraussetzung für deren erfolgreichen Einsatz. Hier werden Panzergranaten in einen Tiger Ausf. E der s PzAbt 502 verladen.
(Münch)

In einem Dokument des OKH vom April 1943 sind einige Informationen zur Munition der 8,8 cm PaK 43 und der KwK 43 zu finden. Neben der PzGrPatr 39-1 als Panzergranate wird die PzGrPatr 40/43, ein Wolframgeschoss, als geplant aufgeführt. Die Durchschlagsdaten sind unten aufgeführt. Ein Hohlladungsgeschoss ist in dieser Liste nicht aufgeführt, wird jedoch im Datenblatt G 24 I wie folgt erwähnt:
„Die 8,8 cm SprGrPatr 43 KwK 43 (gelb) ist ein Explosivgeschoss, das mit oder ohne Verzögerung verfeuert werden kann.
Die 8,8 cm PzGrPatr 39/43 KwK 43 (schwarz mit weißer Spitze) ist die normale Panzergranate.
Die 8,8 cm PzGrPatr 40/43 KwK 43 (schwarz) ist eine Hartkern Panzergranate mit außergewöhnlichen Leistungen.
Die 8,8 cm GrPatr 39 (HL) KwK 43 ist ein Hohlladungsgeschoss zur Bekämpfung gepanzerter Ziele." (siehe Tabelle rechts)

In den Berichten, die diese Waffe erwähnen (in der Regel sind dies Panzerabwehrgeschütze, die 8,8 cm PaK 43/41 oder PaK 43) wird leider nur von einer „Panzergranate" gesprochen ohne Nennung des Typs. Es ist wohl anzunehmen, dass die 8,8 cm PzGrPatr 40/43 KwK 43 Hartkerngranate nur in geringen Stückzahlen verfügbar war.

Einsatzberichte

Karl Fischer, ein Veteran der s PzAbt 503 erinnert sich an die beengten Verhältnisse im Turm eines Königstigers:
„... Ich war Ladeschütze in unserem Königstiger. Ich war gerade 19 Jahre alt geworden, war körperlich fit und kräftig. Das Laden der schweren Granaten (Länge etwa 1 Meter, Gewicht 20 kg, d. Verf.) im engen Turm war schwierig. Niemals wieder hatte ich so viele blaue Flecken ..."

In den Archiven sind nur wenige Erfahrungsberichte über den Tiger Ausf. B und seine Be-

DURCHSCHLAGSDATEN 8,8-CM-KWK 43 L/72:

8,8-cm-KwK 43 L/72	**100 m**	**500 m**	**1.000 m**	**1.500 m**	**2.000 m**
8,8 Pz.Gr.Patr. 39/43	202	185	165	148	132
8,8 Pz.Gr.Patr. 40/43	237	217	193	170	152

Naturgemäß musste die Munition sorgfältig behandelt werden und vor äußeren Einflüssen geschützt werden. Die leeren Messinghülsen wurden gesammelt und wiederverwertet, wenn die Gefechtslage dies zuließ.
(Münch)

waffnung zu finden. Deutlich mehr Berichte wurden von den Panzerjägereinheiten geschrieben, die seit 1943 mit der 8,8 cm PaK 43/41 ausgestattet waren. Die Ergebnisse und Leistungen dieses Geschützes sind vergleichbar mit der KwK 43.

Zu den ersten Einheiten, die mit der PaK 43/1 auf GW Hornisse ausgerüstet wurden, gehörte die s PzJgAbt 560. Einer der ersten Erfahrungsberichte vom 26. Mai 1943, geschrieben von einem Dr. Schlöss von Wa Prüf 4, fiel äußerst nüchtern aus:

*„**Schussversuche:***
Das Gerät FL 29 wurde nochmals nachjustiert. Mit diesem Gerät wurde ein Beschuss durchgeführt. Geschossen wurde mit Sprenggranaten und Panzergranate 39 auf 1.000 und 2.000 m. Die Schüsse mit Panzergranate 39 lagen zu kurz, die Schüsse mit Sprenggranaten etwas zu weit. Gute Treffergebnisse konnten nicht erzielt werden … Die Versuche haben ergeben, dass infolge der mangelhaften Zurrungen die Lager und Höhenrichtmaschinen ausgeschlagen und ebenso die beiden Zieleinrichtungen 43 und 34 dejustiert waren … Aufgrund dieser Mängel erscheint ein Einsatz der Geräte bedenklich …“

Die Fülle späterer positiver Berichte belegen, dass diese Probleme schnell bereinigt werden konnten. Kaum ein halbes Jahr später zeigt sich so z. B. bei der Kp 521/s PzJgAbt 655 bei Orel ein anderes Bild:

„… Die Wirkung der 8,8 cm Sprenggranaten war dabei gewaltig und brachte jedes Mal die feindliche Infanterie zum Halten oder Zurückgehen …

Waffentechnische Erfahrungen:
Die 8,8 cm PaK 43/41 (Sf) hat sich sehr gut bewährt. Schon auf große Entfernungen konnte das Feuer eröffnet werden. Die Durchschlagswirkung war bei allen auftretenden Feindpanzern vernichtend. Einmal wurde auf eine Entfernung von 4.200

m ein T-34 vernichtet. Nachteilig für die Schussbeobachtung hat sich beim Schießen auf größere Entfernungen die große Rauch- und Staubentwicklung erwiesen ..."

Die Stellungnahme des Panzeroffiziers beim Chef des Generalstabs des Heeres zu diesem Bericht ist interessant:

„... Eine Feuereröffnung auf mehr als 2.000 m muss schon aus Gründen der Munitionsausstattung und des Nachschubs vermieden werden. Meist kommt es darauf an, mit der zur Verfügung stehenden Munition möglichst viele Panzer abzuschießen ... Daher Grundsatz: Feuereröffnung erst dann, wenn gute Treffmöglichkeit gegeben ..."

Für den Ladeschützen war es eine schweißtreibende Angelegenheit, die Granaten ins Innere des Panzers zu verfrachten. (NARA)

Dieser Tiger Ausf. B, auch Königstiger genannt, ist von seiner Besatzung bis zur Unkenntlichkeit getarnt worden. Seine 8,8-cm-KwK 43 war die leistungsstärkste Panzerkanone des Zweiten Weltkriegs. Das Geschütz setzte Maßstäbe hinsichtlich Durchschlagskraft und Treffgenauigkeit. (Anderson)

Angesichts der überwältigenden Massen an Panzern, die dem Gegner zur Verfügung standen, ist es wenig wahrscheinlich, dass die Panzerjäger diesen Rat beherzigten. Mit einer Waffe, die in der Lage war, den gefürchteten T-34 noch auf Entfernungen über 4.000 m sicher zu vernichten, wurde getan, was nötig war. Feuern!

Die s HPzJgAbt 662 war mit 8,8 cm PaK 43/41 im mot-Zug ausgestattet. In einem Bericht vom 1.8.1943 berichtet die Einheit von ihren Erfahrungen mit der 8,8 cm PaK 43/41:

„... 3.)

Die Treffgenauigkeit der Geschütze erwies sich als außerordentlich hoch, sodass in einigen Fällen Kampfwagen auf eine Entfernung bis zu 5.000 m abgeschossen werden konnten. Dieser Erfolg wurde dadurch möglich, dass über die höchste, an der Zieleinrichtung 43 vorgesehene Erhöhung hinaus eine zusätzlich geschätzte Erhöhung gegeben wurde. Häufiges Nachjustieren der Geschütze ist dringend erforderlich ..."

Die Ergebnisse dieser Berichte lassen sich ohne Abstriche auf die 8,8-cm-KwK 43 übertragen, die schießtechnischen Grundlagen und Fähigkeiten waren identisch. Gut justiert, schoss die Waffe auf Entfernungen bis 2.500 m Fleck, und darüber hinaus mit noch vertretbarer Ablage vom Ziel. Mit der Panzergranate 39/43 konnte der T-34 noch auf sehr weite Entfernungen sicher bekämpft werden. Auch der im Jahre 1944 eingeführte schwere Panzer JS-2 war trotz seiner 122 mm Kanone kein überlegener Gegner für den Tiger Ausf. B.

Dieses Foto zeigt den Tiger des Lt. Zabel der 2. s PzAbt 503. Dieser Panzer wurde während eines zweitägigen Gefechts von über 220 Geschossen aller Kaliber getroffen. Bis zum Schluss blieb der Wagen einsatzfähig, und konnte trotz der Schäden aus eigener Kraft zu den eigenen Stellungen zurückfahren. Die Besatzung blieb unverletzt. Zum Bahntransport wurden bereits Verladeketten aufgezogen. (Anderson)

Panzerschutz

Die Entwicklung des Tigers folgte bewährten deutschen Grundsätzen. Oft fälschlich als direkte Antwort auf den russischen T 34 bezeichnet, war der Tiger doch das Resultat einer längeren evolutionären Entwicklung. Somit darf es nicht verwundern, dass er ein typisches Merkmal konservativer deutscher Bauart aufwies – die Kastenform mit ihrer vertikalen Auslegung der frontalen und seitlichen Oberflächen.

Der Leiter der Entwicklungsgruppe, Dr. Erwin Aders, kann mit folgenden Worten zitiert werden (Spielberger, der Panzerkampfwagen Tiger und seine Abarten):

„Noch im September oder Oktober 1942 wurde der PzKpfw Tiger Ausf. E von massgeblicher Stelle ein „lahmer Karren“ genannt, und der von Krupp nach reiflicher Überlegung zylindrisch geformte Turm mit einer Konservendose verglichen …“

Der „lahme Karren“ sollte die Kritiker schnell zum Verstummen bringen. Beim technischen Stand des Jahres 1942 war der Panzerschutz des Tigers eindrucksvoll. Wannen- und Turmfront waren 100 mm, alle Seitenflächen und auch das Heck 80 mm stark gepanzert. Die Tatsache, dass die Flächen nicht abgeschrägt waren, beeinträchtigte den hohen Panzerschutz offenbar nicht. Zum Jahreswechsel 1942/43 hatten die Alliierten weder die Waffen noch die Munition, um den neuen schweren Panzer auf Entfernungen über 100 m zu gefährden. Dabei muss eines klar sein, kein Panzer, auch der Tiger, ist unverwundbar! An der Ostfront schossen die Russen mit allem was sie hatten, von der 14,5 mm Panzerbüchse

Zabels Tiger wurde zur Untersuchung zurück nach Deutschland transportiert. An der Geschützblende und dem Kommandantenturm sind unzählige Einschüsse von Panzerbüchsen erkennbar, die Russen konzentrierten Ihr Feuer auf Sehschlitze und Zielfernrohr-Ausblicke. Sämtliche Anbauteile, die Kettenabdeckungen und Werkzeuge wurden durch die Wucht der Aufschläge weggerissen. (Anderson)

bis zur 152 mm Kanonenhaubitze. Auch ein Gefühl der Sicherheit konnte trügerisch sein.

1943 – das Jahr des Tigers

Die ersten Einsätze des PzKpfw Tiger schienen die Träume der deutschen Propaganda zu erfüllen. Unzerstörbar, bewaffnet mit einer absolut tödlichen Kanone, auf diesen Panzer hatten Panzermänner, auf diese Unterstützung die Infanterie gewartet.

Ein Erfahrungsbericht der 13. Kp (Tiger-Kp) des PzRgt Großdeutschland vom 27. März 1943 gab der noch jungen Legende neue Nahrung. Ein Leutnant Zabel berichtet:

„Eindruck der Feindeinwirkung beim Panzer VI beim Gefecht am 10. und 11.2.1943 bei der Kolchose westlich Ssemernikowo

Beim Angriff am 10. und 11. Februar 1943 auf die Kolchose westlich Ssemernikowo stand der Kampfgruppe Sander ein besonders starker Gegner gegenüber.

Die Tiger, die als Spitzenzug den leichten Wagen weit voraus fuhren, lenkten das Feindfeuer besonders auf sich. Das Feuer erhielten die Tiger hauptsächlich von vorn und von der rechten Flanke. Der Feind, bestehend in der Masse aus Panzern, PaK und Schützen mit Panzerbüchsen, eröffnete das Feuer schon gar aus weitester Entfernung. Bei Angriffsbeginn erhielt mein Wagen einen Treffer von einer 7,62 cm PaK an die Fahrerfront. Die Kettenglieder, die dort mittels einer Eisenstange befestigt waren, wurden dadurch abgeschossen. Im Wagen selbst merkte man einen dumpfen Knall und spürte eine leichte Erschütterung. Je näher die Tiger an das Dorf heranfuhren, um so stärker wurden bei 7,62 cm PaK-Treffern Knall und Erschütterung. Gleichzeitig wurden ständig Einschläge mit beachtlichen Sprengwolken vor und seitlich des Wagens beobachtet. Die Besatzung vernahm ferner einen hellen Explosionsknall mit gelben Sprengwolken. Hier handelte es sich offensichtlich um Panzerbüchsen-Treffer. Kurze Zeit darauf erhielt ich einen 4,5 cm PaK-Treffer auf die Kommandantenkuppel. Die Halterungen des Kinonblocks (Glaseinsatz des Sehschlitzes, der Verf.) flogen ab. Der Block selbst wurde festgeklemmt und durch die Explosionsgase undurchsichtig. Durch einen zweiten Treffer auf die Kommandantenkuppel lösten sich die Halterungen am Turmdeckel und fielen in den Kampfraum. Es war ein beißender Pulverqualm und eine starke Hitzeentwicklung im Kampfraum wahrzunehmen. Die Ladeschützenlu-

Er hält alles aus....

Dieser Tiger erhielt im Südabschnitt in 6 Stunden:

227 Treffer Panzerbüchse,
14 Treffer 5,2 cm und
11 Treffer 7,62 cm.

Keiner ging durch.

Laufrollen und Verbindungsstücke waren zerschossen,

2 Schwingarme arbeiteten nicht mehr,

mehrere Pak-Treffer saßen genau auf der Kette, und

auf 3 Minen war er gefahren.

Er fuhr mit eigener Kraft noch 60 km Gelände.

Nach der Untersuchung fand ein Bild von Zabels Tiger Verwendung in der Tiger-Fibel. Es erscheint zweifelhaft, ob der beschädigte Panzer noch in Stand gesetzt werden konnte, als Ansporn diente er sicherlich. (D 656/27)

ke, die etwas klemmte und deswegen halb offen stand, erhielt mehrere Treffer von Panzerbüchsen, sodass auch dort sämtliche Halterungen abflogen. Die Luke war jetzt derart verklemmt, dass sie bei Beendigung des Gefechts nur mithilfe einer Brechstange geöffnet werden konnte. An der Kommandantenkuppel wurden zwei 4,5 cm PaK-Treffer gezählt und etwa 15 Treffer von Panzerbüchsen.

An beiden Angriffstagen zerschoss der Feind jedes Mal die Maschinengewehre. Die Nebelabwurfvorrichtung am Turm wurden gleichfalls zerschossen. Die Nebelgase zogen sich in den Kampfraum, und die Rauchentwicklung war derart stark, dass der Wagen für kurze Zeit nicht einsatzbereit war.

Je dichter die Tiger an die Kolchose heranfuhren, um so heftiger wurde das Abwehrfeuer. Jeder Treffer war durch einen scharfen Knall bei leichter Erschütterung des Wagens und beißenden Pulvergasen und gelblich schimmernden Explosionswolken zu erkennen.

Die Nerven sämtlicher Besatzungsmitglieder waren derart angespannt, dass sich kein Gefühl für Zeit oder sonstige Bedürfnissen zeigte. Obwohl der Angriff über sechs Stunden dauerte, kam allen Männern die Zeit des Angriffes sehr kurz vor. Nach einem weiteren 7,62 cm PaK-Treffer auf die Walzenblende platzten die Halterungen an der KwK weg, die Rohrbremse verlor Bremsflüssigkeit, und die Kanone verblieb in hinterer Stellung. Die Stromüberführungsbrücke war verklemmt und der Verschluss ließ sich nicht mehr schließen.

Durch die Erschütterung weiterer Treffer fiel der Funk aus, und das Gasgestänge und der Schalthebel beim Fahrer waren verschoben. Als der Schutz für den Auspuff abgeschossen wurde, entstand ein Motorbrand, der gelöscht werden konnte.

Durch weitere Treffer platzten die Hinterschrauben des Turms weg. Das Getriebe versagte ebenfalls zeitweilig durch die ständige Erschütterung. Beim seitlichen Heraufwerfen einer Sprengladung nahmen die Besatzung einen dumpfen Knall wahr, begleitet von einer erheblichen Rauch- und Wärmeentwicklung.

Es wurden an meinem Wagen 227 Treffer von Panzerbüchsen, 14 Treffer 5,7 cm und 4,5 cm sowie 11 Treffer 7,62 cm gezählt. Das rechte Laufwerk

Oben: Im frühen Stadium der Entwicklung sollte der PzKpfw Tiger eine klappbare Frontschürze erhalten, die Ketten und Treibräder gegen Beschuss schützen sollte. Obwohl die Frontschürze nicht in der Produktion eingeführt wurde, wurde dieses Bild in einer Auflistung aktueller deutscher Panzerfahrzeuge verwendet. (Anderson)

Unten: Derselbe Tiger in einer Werkshalle bei Henschel. Die Schürze hätte den Frontalschutz verbessert, das Fahrzeug wäre jedoch stark kopflastig geworden, mit entsprechend nachteiligen Auswirkungen auf die empfindlichen Seitenvorgelege. (Kadari)

Durch den Beschuss wurden mehrere Risse in der Schweißnaht festgestellt. Ferner war durch die Erschütterung des Beschusses der Benzintank leck geworden. In der Kette wurden mehrere PaK-Treffer gezählt, die aber die Fahrbereitschaft des Tigers nicht sonderlich gefährdeten. Durch den schweren Beschuss wurden noch mehrere technische Schäden festgestellt, die sich im Augenblick noch nicht übersehen lassen. Abschließend kann gesagt werden, dass die Panzerung des Tigers bei dem harten Beschuss die in sie gesetzten Erwartungen erfüllt hat. Die Besatzung konnte die Erfolge nur in dem beruhigenden Gefühl erringen, eine starke Panzerung um sich zu wissen. Trotzdem war das Höchste an Einsatzbereitschaft und größter Kräfteanspannung an alle Besatzungsmitglieder gefordert. gez. Zabel, Leutnant"

Dieser Tiger der s PzAbt 501 lief in Nordafrika auf Minen. Bewegungsunfähig erhielt er einige Treffer, die jedoch nicht durchschlugen. Scheinbar konnte der Wagen geborgen werden, die Reparatur wird arbeitsaufwendig gewesen sein. (Münch)

war durch Beschuss schwer beschädigt. Mehrere Laufrollen mit Verbindungsstücken waren zerschossen. Zwei Schwingarme waren durch Beschuss ausgefallen. Das Leitrad war aus dem Lager gelaufen. Trotzdem konnte der Tiger noch ca. 60 km mit eigener Kraft fahren.

Dieser lebendige Bericht lässt erahnen, welchen Eindruck der Tiger auf die russischen Verteidiger machte. Diesen musste er in der Tat unzerstörbar erscheinen.

Die russische Panzerabwehr war durchaus wirkungsvoll. Die für die deutschen Truppen überraschend aufgetretenen modernen Panzer T-34 und KW führten bei der roten Armee auch zur Entwicklung entsprechender Panzerabwehrwaffen. Die Qualität eigener Panzerabwehrkanonen richtet sich nach der Güte der eigenen Panzer. Mit der 7,62-cm-Feldkanone stand den Russen ein Geschütz zur Verfügung, das es mit jedem deutschen Panzer aufnehmen konnte. Die Kanone wurde vom Landser „Ratschbumm" genannt. Dieser lautmalerische Begriff beschrieb einfach die Tatsache, dass der Einschlag am Ziel aufgrund der hohen Mündungsgeschwindigkeit eher zu hören war als der Abschuss der Granate. Neben einer großen Zahl kleinerer Panzerabwehrgeschütze waren riesige Mengen leichter Panzerbüchsen im Einsatz. Diese Waffe wird gemeinhin als wenig wirksam und technisch überholt dargestellt, eine Einschätzung, die nicht zu halten ist. Der Vorteil dieser Waffe lag in ihrer technischen Einfachheit und ihrem geringen Gewicht. Im Einsatz war die Waffe unauffällig, beim Abschuss entwickelte sich weder Rauch noch Leuchterscheinungen wie bei der späteren deutschen Panzerfaust oder der Raketenpanzerbüchse. Von entschlossenen und tapferen Soldaten geführt, konnte die

Auch dieser ramponierte Tiger Ausf. E einer unbekannten Abteilung zeigt die Spuren vergangener Kämpfe. An der Wannen- und Aufbaufront sind große Flächen des Zimmeritbelages abgeplatzt. Die vorderen Kettenabdeckungen fehlen vollständig, die seitlichen sind stark verbogen. Im Hintergrund steht ein Gleisketten LKW vom Typ Maultier. (Münch)

Die s PzAbt 505 fand ihren eigenen Weg, ihre Panzer gegen feindliche Nahkampftrupps zu sichern. Die Wanne wurde förmlich in Stacheldraht gepackt. Diese Aufnahme stammt aus dem Winter 1943/44. (Anderson)

seitliche Panzerung und die Kommandantenkuppeln der PzKpfw III und IV sowie der Sturmgeschütze auf kurze Entfernungen sicher durchschlagen werden. Der Einsatz der Panzerbüchse kostete zahllosen Panzersoldaten Leben oder Gesundheit. Die Einführung von Panzerschürzen bei allen leichten deutschen Panzern im Jahr 1943 war eine Reaktion auf diese Bedrohung.

Die schwere Panzerung des Tigers konnte an keiner Stelle durch Panzerbüchsen gefährde werden. Wohl aber waren gezielte Schüsse in der Lage, die Panzerglaseinsätze der Sichtblenden zu beschädigen.

Sieger und Besiegte! Ein Tiger Ausf. E einer unbekannten s PzAbt passiert 1943 die Wracks zweier T-34-Modelle. (Anderson)

Dieses interessante Foto offenbart die Wirkung einiger Treffer am Turm eines Tiger Ausf. E der s PzAbt 503. Zwei klare Einschläge, möglicherweise von 5,7 cm PaK, sind an der Seitenwand zu sehen. Diese scheinen innen zu Abplatzern geführt zu haben. Ein weiterer Einschlag hob die Kommandantenkuppel aus der Fassung und schlug durch. Der kleine Treffer stammt von einer Panzerbüchse, die nur eine Kerbe hinterließ. Die Turmbesatzung, sofern sie noch an Bord war, wird diese Treffer kaum unverletzt überstanden haben.

Im Mai 1943 fasste der Tiger-Lehrgang Paderborn die ersten Erfahrungen zusammen:

„… Außer der amerikanischen 5,7 cm PaK hat sich der Tiger bisher frontal und seitlich als sicher gegen jede Panzerabwehrwaffe erwiesen, einschließlich erbeuteter und von den Russen eingesetzter deutscher 7,5 cm PaK. Die Durchschüsse der 5,7 cm PaK erfolgten seitlich in Turm und Wanne. Als Folge des Beschusses (7,62 cm PaK, etc.) sind durch Verklemmen der Walzen- und Kugelblenden bzw. Abplatzen von Turm- und KwK-Schrauben, sowie Ausfall des Funks und der elektrischen Anlage nicht unerhebliche Schäden aufgetreten, die zum Teil zur vorübergehenden Kampfunfähigkeit des Tigers führten. Bei Beschuss mit der 7,62-cm-Kanone auf nächste Entfernung sind Risse in der Fahrerfrontplatte bzw. in der Walzenblende aufgetreten. Die den Panzer III und IV außer Gefecht setzende russische Panzerbüchse ist für den Tiger keine Gefahr. Sie ergab Einschüsse bis zu 40 mm bei kurzen Entfernungen. Panzerbüchsenfeuer auf die Sehschlitze zerstörten den Kinonblock, nachdem sie vorher abgelenkt waren. Direkte Treffer dürften den Kinonblock durchschlagen, also müssen die Schlitze stets sehr schmal gehalten werden. Selbst Treffer mit der 7,62 cm PaK auf das Antriebsrad erzielten nicht immer einen Ausfall des Wagens …

In Russland sind mit Feindminen noch keine Erfahrungen gesammelt worden. Aus Afrika wurde berichtet, dass der Tiger verhältnismäßig unempfindlich gegen Minen ist. Genauere Unterlagen fehlen noch …“

Die frühe Kommandantenkuppel bot ausreichende Beobachtungsmöglichkeiten für den Kommandanten. Obgleich gut gepanzert, war sie wenig geschossabweisend und zu hoch. Auch die vertikal öffnende Luke führte zu Kritik. (Hoppe)

Bei der „amerikanischen 5,7 cm PaK“ handelte es sich vermutlich um die englische Ordnance QF 6 pounder, die von der US Army als 57 mm Gun M1 geführt wurde.

Das Auftreten des Tigers musste zwangsläufig zur Entwicklung und Einführung besserer Waffen bzw. wirkungsstärkerer Munition führen. Die 1943 auftauchenden russischen Selbstfahrlafetten SU-122 und SU-152 waren erste Versuche, den eigenen Panzern die nötige Feuerkraft zu geben, um dem deutschen schweren Panzer Paroli bieten zu können.

Viele militärische Führer auf deutscher Seite schätzten die tatsächlichen Fähigkeiten des Panzerkampfwagen Tigers falsch ein. Die bereits damals legendären Leistungen führten oft zu taktisch falschem Einsatz, die dann nicht den gewünschten Erfolg brachten und zudem zum Verlust der wertvollen Fahrzeuge führten. Bereits im September 1943 sah sich der Panzeroffizier beim Chef des Generalstabs des Heeres genötigt, diese Problematik aufzuklären.

„Die bei vielen Dienststellen, besonders auch höheren Kommandobehörden, wiederholt festgestellte Auffassung, dass der Tiger unverwundbar ist, und das völlig unbegründete Erstaunen, wenn ein Tiger durch Feindwaffen abgeschossen wurde, gibt zu folgender Feststellung Veranlassung:

Der Panzer Kampfwagen VI Tiger ist keineswegs unverwundbar, er kann vielmehr z.B. durch die russische 7,62-cm-Kanone (Langrohr) bei entsprechend günstigem Aufschlagwinkel von vorn auf Entfernung von 500 m, und von der Seite und von hinten auf Entfernung von 1.500 m durchschlagen werden. Nach russischen Angaben, deren Bestätigung durch das Heereswaffenamt hier noch nicht vorliegt, kann der Tiger darüber hinaus wie folgt durchschlagen werden:“ (siehe Tabelle unten)

Spätere Baulose des Tiger Ausf. E wurden mit einer sehr flachen Gußkuppel ausgestattet. Diese stellte dank des besseren Panzerschutzes und einer horizontal öffnenden Luke eine wesentliche Verbesserung dar. (Anderson)

Knapp ein Jahr nach dem ersten Einsatz des PzKpfw Tiger relativierte sich die Wirksamkeit seines Panzerschutzes. War es Anfang 1943 noch möglich, den Tiger in gewissen Situationen als sicheren Durchbruchspanzer zu verwenden, so musste eine solche ohnehin sinn- und sorglose Taktik wieder revidiert werden. Auch ein stark gepanzerter und bewaffneter Panzer wie der Tiger konnte nur entsprechend den allgemeinen taktischen Grundsätzen eingesetzt werden. Seine Panzerung machten ihn zum idealen Spitzenfahrzeug, alle Einsätze hatten aber möglichst in Kompaniestärke und unter bestmöglichem Flankenschutz zu erfolgen, um erfolgreich zu enden. Die Tigereinheiten waren Heerestrup-

LEISTUNGSDATEN RUSSISCHER PANZER- UND PANZERABWEHRKANONEN

Geschütz	Munition	Durchschlag Front	Durchschlag Seite	Duchschlag hinten
45 mm M 37	Unterkaliber *	–	200 m	200 m
45 mm M 42	Unterkaliber	–	500 m	500 m
57 mm	Unterkaliber	500 m	–	–
	PzSprGr **	–	600 m	600 m
76 mm FlaK	Unterkaliber	700 m	–	–
	PzSprGr	–	500 m	500 m
76 mm PaK	Unterkaliber	100 m	700 m	700 m
85 mm FlaK	PzSprGr	–	1.000 m	1.000 m
122 mm Kanone	PzSprGr	1.000 m	1.500 m	1.500 m
152 mm Haubitze	PzSprGr	500 m	1.000 m	1.000 m

*) Russische Bezeichnung für Hartkerngranate

**) russische Bezeichnung für Panzergranate

Dieser Tiger wurde in Italien von alliierten Truppen zerstört. Der Turm zeigt fünf Treffer, ein weiterer schlug hinten in den Motorraum ein. (Kadari)

pen, und wurden oft Führern unterstellt, die von den Fahrzeugen zu viel erwarteten und verlangten.

Im Angriff war eine gute Vorbereitung unerlässlich, um z.B. Minenfelder rechtzeitig zu erkennen und zu neutralisieren. War der Tiger auch vergleichsweise unempfindlich, so zeigten sich die Russen als klug genug, die Wirkung ihrer Minen durch untergelegte Artilleriegeschosse zu verstärken. Eigene Infanterie bzw. Panzergrenadiere zum Nahschutz der Panzer waren unabdingbar.

Der Tiger Ausf. B

Das Nachfolgemuster des Tiger Ausf. E zeigte eine grundsätzlich andere Auslegung von Wanne und Turm. Wie bereits im Fall des mittleren Panzers Panther, wurden alle Flächen stark geneigt. Die Frontpanzerung der Wanne betrug 150 mm, die des Turmes 185 mm.

Die Einführung leistungsstärkerer Kanonen, beim Russen vom Kaliber 85 und 122 mm, beim Amerikaner vom Kaliber 90 mm und beim Engländer vom Kaliber 76,2 mm stellte auch für die Tigerausführung B eine Bedrohung dar. Wenn auch die Frontpanzerung auf realistische Kampfentfernungen kaum zu durchschlagen war, so konnte der Panzer an Seite und Heck unter 600 m sicher bekämpft werden.

Der Kommandeur der s PzAbt 503 in seinem Bericht vom 25.11.1944:

„... Die Erfahrung, dass der Russe unmittelbar hinter seinen vorderen Teilen starke PaK-Riegel aufbaut, hat sich weiter bestätigt. Der Einsatz amerikanischer 9,2 und konischer PaK (7,5 auf 5,7) hat erfreulicherweise bisher nur zu zwei Totalausfällen geführt. Diese Waffen durchschlagen auch die Walzenblende auf Entfernungen unter 600 m.

Durchschüsse am Turmheck bringen die dort gelagerte Munition zu Explosion und haben meist Totalausfall des Wagens zur Folge ...“

Die hier erwähnten Feindwaffen bleiben rätselhaft. Bei der amerikanischen 9,2 PaK könnte es sich um die zum Ende des Krieges eingeführte russische 100 mm Feldkanone BS-3 gehandelt haben. Treibspiegelgeschosse wie oben erwähnt hat es auf russischer Seite nicht gegeben. Möglicherweise handelte es sich um Hartkerngeschosse.

Am 4. Februar 1945 erbeutete die 17. Armee ein Flugblatt zur Bekämpfung des Tiger Ausf. B (Königstiger), Auszüge:

„... Unsere T-34 Panzer sind ebenfalls in der Lage, den Königstiger zu bekämpfen ... Der Kommandeur des Garde-Panzerbataillon, Htm. Iwuschkin,

Dieser Tiger der s PzAbt 505 wurde während der Schlacht um Kursk von einer Vielzahl von Treffern auf die Seite erledigt. Zerstörte Panzer wie diese wurden oft zur Schulung der eigenen Kräfte verwendet.
(Anderson)

Dieser Tiger wurde mit einem Glückstreffer außer Gefecht gesetzt. Eine 7,62 Granate traf den Ausblick des Zielfernrohrs und blieb stecken, ohne durchzuschlagen.
(Anderson)

Nach dem Krieg führten die Amerikaner Versuche an Tiger Ausf. B Wannen durch. Wie hier ersichtlich, konnten weder die 90 mm M3 (Panzergranate) noch die 105 mm howitzer (HE und Panzergranate) durchschlagen – ein Hinweis auf die außergewöhnlichen Nehmerqualitäten des Königstigers. (NARA)

befand sich mit seinen Panzern im Raum von Ogenduw … Der Spähtrupp meldete, dass sich vier feindliche Tiger-B Panzer aus Richtung Popnik annäherten. Er war sich darüber im klaren, dass ein Frontangriff nicht zum Erfolg führen würde. Durch das hügelige und bewaldete Gelände fahrend, gelang es Hauptmann Iwuschkin und seinen Panzern, im Rücken der deutschen Panzer aufzutauchen. Er nutzte hierzu die hervorragende Beweglichkeit seiner T-34, näherte sich den feindlichen Fahrzeugen auf 450 bis 500 m und eröffnete das Feuer auf die Heckseiten der Tiger-B. Zwei Feindpanzer wurden bereits mit den ersten Schüssen vernichtet. Die anderen beiden versuchten zu entkommen, fuhren sich jedoch in einem Graben fest und wurden ebenfalls vernichtet …"

Dieser Einsatz des Hauptmann Iwuschkin ist ein gutes Beispiel für konsequente Führung im Einsatz unter Erkennung des taktisch richtigen Vorgehens. Umgekehrt sind die deutschen Panzer scheinbar ohne Flankenschutz, Begleitinfanterie und Aufklärungsmittel eingesetzt worden.

Das Nachrichtenblatt der Panzertruppen schreibt in seiner Ausgabe vom Februar 1945: *„… Kampf Panzer gegen Panzer, Zusammenstellung aus Erfahrungen im Westen.*

Die wirksamen Reichweiten der eigenen sowie der feindlichen Panzer sind von den Feuerstellungen abhängig und besonders davon, in welcher Stellung die Panzer sich zueinander befinden, d.h. ob

der Kampf Front gegen Front oder gegen die Seite geführt wird. Aufgrund der Erfahrungen im Kampf und eingehender Beschussversuche kann folgendes gesagt werden:
... Der Tiger ist in seiner Durchschlagsleistung erheblich mehr überlegen, er durchschlägt den Sherman mit Ausnahme der Fahrersichtblende überall bis 3.000 m, während der Sherman den Tiger an der Frontseite überhaupt nicht und an der Seite bei 1.100–1.800 durchschlägt."

Dieser Bericht gibt leider keine weitere Auskunft, welche Sherman-Variante gemeint war. Es machte schon einen Unterschied, ob dem Gegner eine 75 mm oder die wesentlich modernere 76 mm zur Verfügung stand.

Die deutschen verantwortlichen Stellen machten auch im Falle des Tiger Ausf. B deutlich, dass der Panzer nicht unverwundbar war. Besatzungen und Führer der Panzer wurden angewiesen, ihren Wagen entsprechend der Lage immer taktisch richtig einzusetzen.

Das Ende im Berliner Tiergarten! Der vielleicht letzte einsatzbereite Tiger Ausf. E blieb im April 1945 im Schatten des Brandburger Tors liegen. (Ullstein 00300341)

Ab Mitte 1944 wurden die Flak Sfl auf Halbkettenfahrzeugen durch Flakpanzer IV Wirbelwind ersetzt. Diese Lösung bot der Besatzung Schutz und hatte eine bessere Geländegängigkeit. (Kadari)

Organisation der Tiger-Einheiten

Die Organisation der schweren Panzerabteilungen orientierte sich an bewährten Strukturen. Die Kriegsstärke-Nachweisung einer regulären Panzerabteilung wurde den spezifischen Anforderungen angepasst. Anfangs verfügte jede s PzAbt nur über 20 PzKpfw Tiger Ausf. E. Nachdem die Produktion voll angelaufen war, konnte diese Zahl auf 45 Tiger erhöht werden.

Tiger der s PzAbt 503 während eines Eisenbahntransports. Die Panzer zeigen Abschussringe auf den Geschützrohren, ein Zeichen des erfolgreichen Einsatzes der Abteilung. Die Besatzung des vorderen Tigers hat den Panzerschutz am Aufbau mit zusätzlichen Ersatzkettengliedern verstärkt.
(Anderson)

Im Frühjahr 1942 wurden die ersten Mustergliederungen für die schwere Panzerabteilung erarbeitet, lange vor der Auslieferung der ersten PzKpfw Tiger. Diese selbständigen Einheiten sollten auf Heeresgruppenebene eingesetzt werden, um an Brennpunkten unter wechselnden Unterstellungsverhältnissen zum Einsatz zu kommen. Am 16. Februar wurden zunächst zwei schwere Panzer-Kompanien aufgestellt – reine Kadereinheiten ohne Material – wie in der folgenden Kriegsgliederung ersichtlich (siehe rechts).

Bereits am 10. Mai 1942 wurde die s PzAbt 501 aufgestellt. Die bis dato selbständigen schweren Panzerkompanien wurden sofort in diese Abteilung eingegliedert. Nur wenige Tage später folgte die Aufstellung weiterer schwerer Panzerabteilungen (502 und 503), ihre Einsatzbereitschaft war ab sofort befoh-

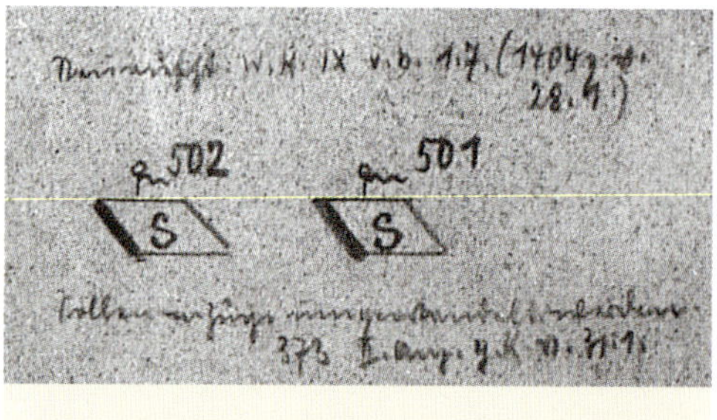

Dieser Auszug der Kriegsgliederung des Feldheeres vom Mai 1941 bis Mai 1942 zeigt die frisch aufgestellten s PzKp 501 und 502. Einsatzbereitschaft war zum 1. Juli 1942 befohlen. Panzer zur Ausstattung dieser Kompanien waren noch nicht vorhanden. Wie hier sichtbar, wurden Änderungen zu diesen Kriegsgliederungen handschriftlich hinzugefügt.

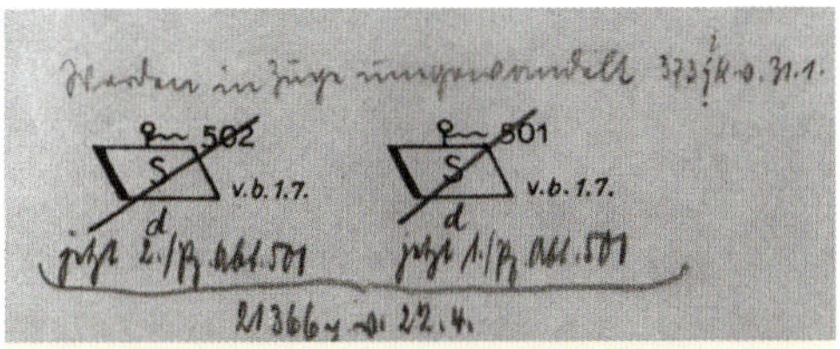

Nur eine Woche später wurden die unabhängigen Kompanien aufgelöst und der s PzAbt 502 unterstellt. Die Kompanien wurden in der Kriegsstärkenachweisung (KStN) ab sofort als s PzKp d geführt.

Oben: Bis Mitte 1943 waren den schweren Panzerabteilungen noch leichte Panzerzüge zugeteilt. Hier sichert ein PzKpfw III mit 5-cm-KwK L/60 einen mittleren Krankenpanzerwagen (Sd.Kfz 251/8), beide s PzAbt 502. Diese Fahrzeuge erlaubten die Bergung von Verletzten unter Panzerschutz. (NARA)

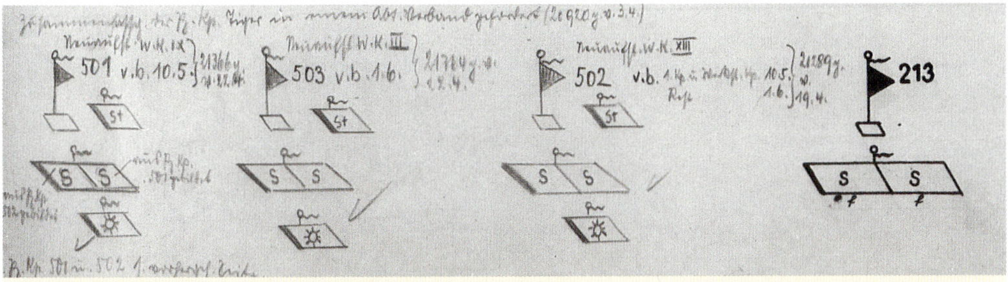

Diese handschriftlich geänderte Kriegsgliederung zeigt die neuen s PzAbt 501, 502 und 503, Einheiten in Bataillonsgröße. Die s PzAbt 213, die hier ebenfalls aufgeführt wird, wurde mit französischem Beutegerät ausgerüstet (schwere Panzer vom Typ B1). Diese Einheit tat später auf den Kanalinseln Dienst.

len. Panzer fehlten jedoch noch immer (siehe oben).

In diesem Stadium der Aufstellung war geplant, die s PzAbt 501 und 503 mit dem PzKpfw IV (P), dem Porsche-Tiger auszustatten. Beide Einheiten waren für den Einsatz in Nordafrika vorgesehen, die Porsche-Tiger schienen dank ihrer Luftkühlung besser für das heiße Klima geeignet. Die s PzAbt 502 sollte mit der Henschel-Entwicklung PzKpfw IV (H) bestückt werden, als Einsatzgebiet war die Ostfront vorgesehen.

Die Entwicklung des Porsche-Tiger war von zahllosen Rückschlägen und technischen Problemen begleitet. Die bereits geplante Massenproduktion musste kurzfristig abgesagt werden, da aufwendige Änderungen an den Motoren und dem Laufwerk nötig wurden. Im Oktober 1942 wurde die Fertigung offiziell ganz eingestellt, zu diesem Zeitpunkt waren von den Nibelungenwerken in der Ostmark nur zehn Fahrzeuge der Vorserie produziert worden. Diese wurden zu weiteren Versuchen verwendet. Ein Teil der Fahrzeuge fand auch zur Schulung von Tiger-Besatzungen auf Truppen-Übungsplätzen Verwendung.

Nach dem unrühmlichen Ende des Porsche-Tigers wurde nun die Entwicklung der Henschel-Werke, jetzt offiziell Tiger Ausf. E (H) genannt, zur Ausstattung aller Tiger-Einheiten herangezogen. Auch hier ergaben sich Probleme bei der Massenfertigung, die Tiger verließen die Produktionsstätte zunächst stückweise. Als erste Einheit sollte die s PzAbt 502 im August 1942 neun Panzer erhalten. Bis zum Ende des Jahres wurde die s PzAbt 502 in Nordafrika mit 21 Tigern ausgestattet, die s PzAbt 503 erhielt 29 Panzer.

Organisationsstruktur der schweren Panzerabteilung

Deutsche militärische Einheiten waren nach standardisierten Listen organisiert. Die jewei-

Ein weiterer Tiger der s PzAbt 503. Ein Offizier scheint letzte Weisungen zu geben. Die Panzer der Abteilung lassen sich relativ leicht identifizieren. 1943 waren diese sowohl am Turm als auch auf der Wanne mit Balkenkreuzen markiert. (Rubbel)

lige Kriegsstärkenachweisung (KStN) bestimmte die Gliederung der Einheit sowie deren Ausstattung mit Personal, Waffen und Gerät. Der Kriegsausrüstungsnachweis (KAN) hingegen stellte eine wesentlich weiter ins Detail gehende Liste dar. Der Übersichtlichkeit wegen orientieren sich die folgenden Worte und Grafiken an den KStN.

Diese Strukturen wurden nach ihrer Einführung kritisch überdacht und bei Bedarf geändert. Dazu wurden Erfahrungsberichte der kämpfenden Truppe hinzugezogen.

Die allgegenwärtigen Nachschubprobleme verhinderten das Erreichen des zugelassenen Ausrüstungssolls oft genug, im letzten Kriegsjahr war das eher die Regel denn die Ausnahme. Darüber hinaus stimmten die von der Truppe abgegebenen Stärkemeldungen nicht immer, vermutlich um überzähliges Gerät nicht abgeben zu müssen. Auch erforderte die desolate Versorgungslage ein gewisses Organisationstalent. Erbeutete Lkw und sogar Panzer (als Zugmittel) wurden gerne in den Fahrzeugpark eingegliedert. Im Wissen um die tatsächliche Lage wurden diese Praktiken von höherer Stelle toleriert und mitunter gar gefördert.

Die schweren Panzerabteilungen (s PzAbt) waren selbständige Einheiten auf Heeresgruppen-Ebene. Diese Organisationsform sollte die neu erarbeiteten Einsatzgrundsätze der PzKpfw Tiger unterstreichen.

Bereits im Herbst 1942 wurden einzelne Tiger-Kompanien in Panzerregimenter eingegliedert. Als erste reguläre Einheit erhielt das SS-PzRgt 1 im Dezember 1942 fünf Tiger Ausf. E sowie vier weitere im Januar 1943. Dem SS-PzRgt 3 wurden im Januar 43 ebenfalls neun zugeteilt, bis Februar 43 erhielt auch das PzRgt Großdeutschland neun Tiger.

Die schweren Panzerabteilungen waren anfangs gemäß den KStN 1150d und 1176d vom 15.8.1942 organisiert. Diese sahen nicht nur Tiger Ausf. E vor, sondern auch Panzer vom Typ PzKpfw III. Möglicherweise war dies den geringen Produktionszahlen der schweren Panzer geschuldet. In der Stabskompanie war ein PzBefWg III (als Befehlswagen SdKfz 268 für den FliVO, dem Fliegerverbindungsoffizier). Im 1. Zug (dem leichten Panzerzug) der Stabskompanie waren weitere fünf PzKpfw III vorhanden. Diese sollten vornehmlich Aufklärungszwecken und dem Aufrechterhalten von Verbindungen dienen. Die beiden Kampfkompanien führten außer neun Tiger Ausf. E noch zehn PzKpfw III im Bestand. Diese leichten Panzer sollten den Tigern je nach Kampfauftrag Flankenschutz im Angriff geben. Zusammengefasst verfügte die schwere Panzerabteilung des Jahres 1942/43 über mehr PzKpfw III (26) als Tiger Ausf. E (20).

Es muss klar sein, das die Ausstattung der schweren Panzerabteilungen in hohem Maße von der Liefersituation abhängig war. So konnten zum Beispiel, anstelle des VW Schwimmwagens, andere geländegängige Fahrzeuge zugeteilt werden. Einheiten im Osteinsatz erhielten Maultier-Lkw anstelle normaler 3-t- und 4,5-t-Lkw, wenn diese verfügbar waren.

Die Kommandeure entschieden vor Ort über den tatsächlichen Einsatz der leichten PzKpfw III.

Die s PzAbt 501 war während ihres Einsatzes in Nordafrika mit PzKpfw III Ausf. N (mit 7,5-cm-KwK L24) ausgerüstet. Der Kommandeur der Abteilung hielt diese gemischte Ausstattung für zweckmäßig. (Wilhelm)

Die schwere Panzerabteilung

Die schwere Panzerabteilung des Jahres 1942 (siehe KStN 1150d und 1176 d vom 15.8.1942) mit 20 Tiger Ausf. E und 26 PzKpfw III bestand somit aus:

- dem Stab,
- einer Stabskompanie,
- zwei schweren Panzerkompanien
- sowie einer Panzer-Werkstattkompanie.

Die schweren Zugkraftwagen 18 t (SdKfz 9) waren ein wichtiger Bestandteil der schweren Panzerabteilungen. Leistungsstark und zuverlässig, wurden sie bei der Bergung ausgefallener Tiger eingesetzt. (Anderson)

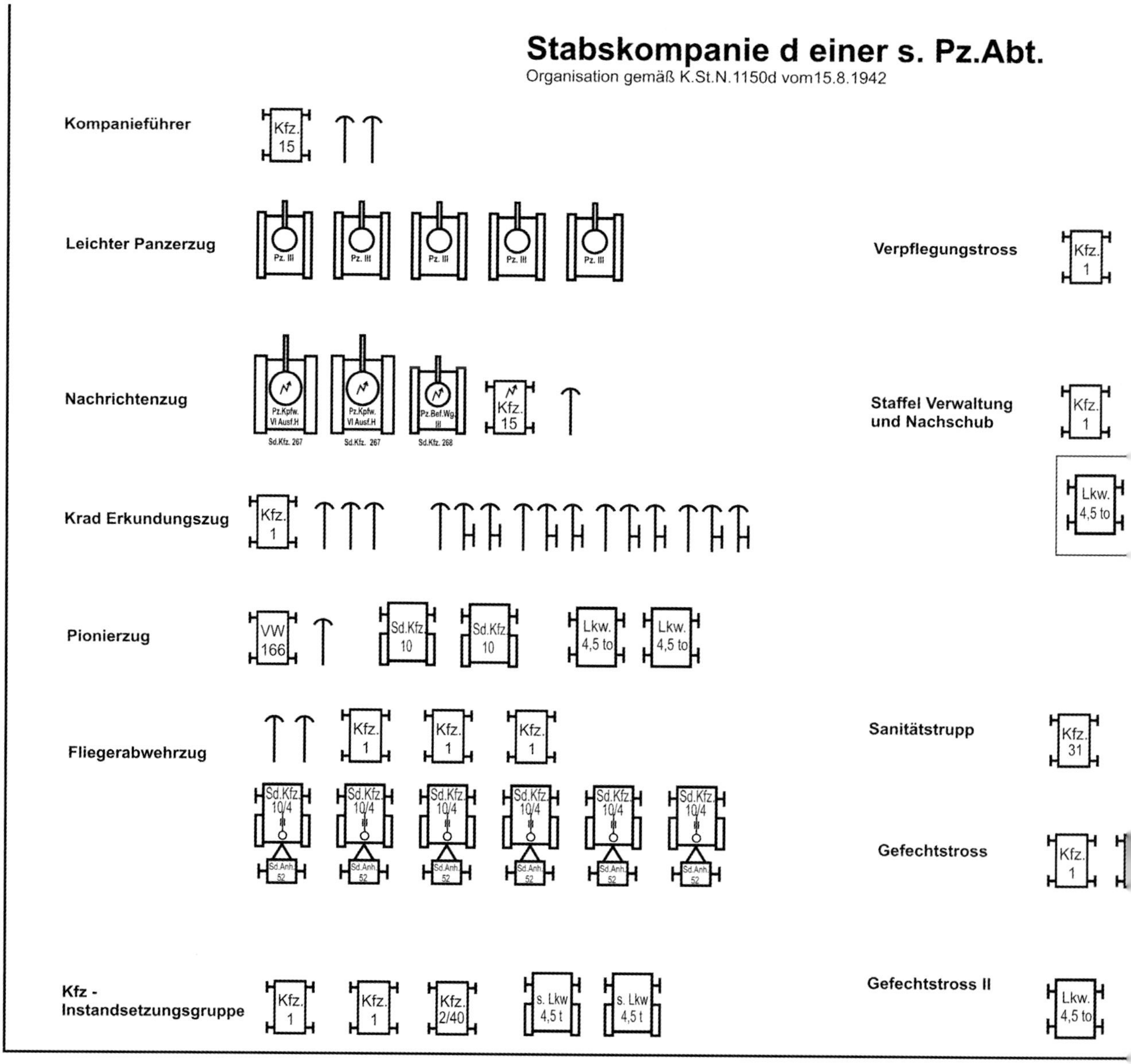

Im März 1943 wurden die KStN der Stabskompanie und der s Panzerkompanie neu organisiert, vermutlich aufgrund von Erfahrungsberichten der ersten Tiger-Einheiten. Diese KStN liegen leider nicht vor. Als Anhalt können die KStN 1150 e und 1176e vom 1.11.1943 dienen, die sich von den März-Ausgaben hauptsächlich durch die mögliche Eingliederung des Tigers Ausf. B unterscheiden.

In den neuen KStNs wurden die PzKpfw III der s PzAbt gestrichen, die Zahl der Tiger Ausf. E hingegen von 9 auf 14 pro Kompanie erheblich gesteigert. Mit der Zuteilung einer dritten schweren Panzerkompanie hatte die Abteilung statt 20 nun 45 Tiger Ausf. E. Das stellte eine bemerkenswerte Verstärkung der Kampfkraft dar.

Der Kompanieführer

Der Kompanieführer führte die Einheit. Ihm standen ein geländegängiges Kfz sowie Motorräder zur Verfügung. In der Praxis nutzte er oft einen Tiger des Nachrichtenzuges als Befehlswagen.

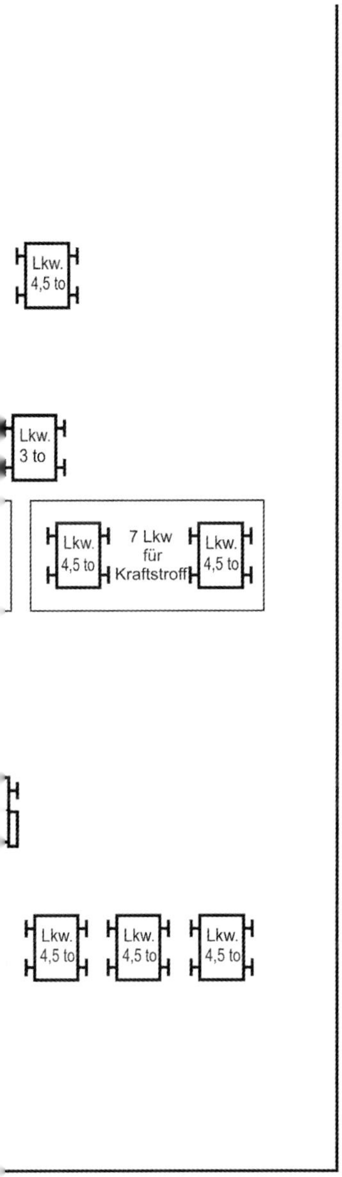

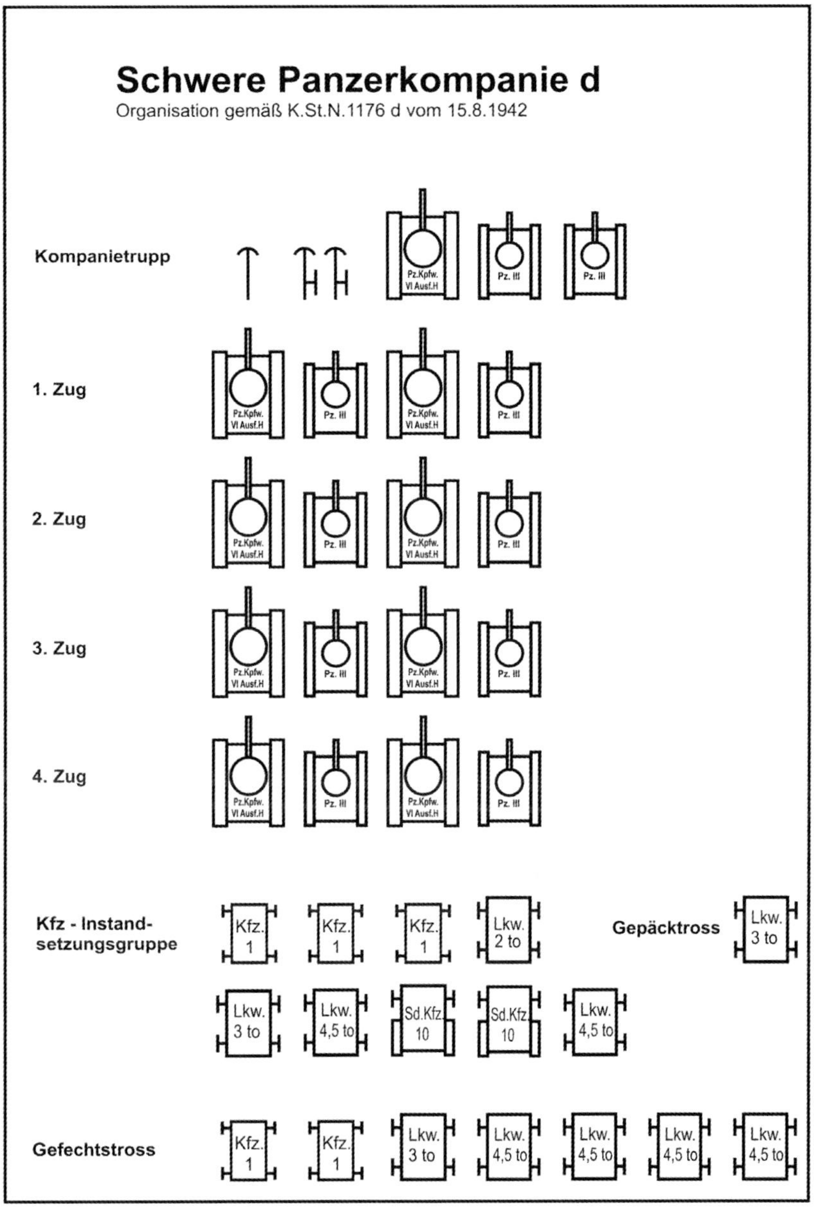

Die Stabskompanie und ihre Teileinheiten

Die Stabskompanie bestand aus verschiedenen Teileinheiten. Wie die Sturmartillerie sollten Tiger-Einheiten konzentriert eingesetzt werden. In der Realität kam es jedoch immer wieder zum zersplitterten Einsatz, einzelne Kompanien oder auch nur Züge wurden an Brennpunkten anderen Einheiten unterstellt. Hier fehlten die spezialisierten Instandsetzungskräfte oder Bergemittel, was große Probleme bringen konnte.

Der leichte Panzerzug

Der leichte Panzerzug der frühen Einheiten konnte für verschiedene Einsatzzwecke genutzt werden.

Major Lüder, Kommandeur der s PzAbt 501, fasste in seinem Bericht „Tiger Erfahrungen in Tunesien“ vom 18.3.1943 zusammen. Auszüge:

„Der verschiedentliche Ausfall von… leichten oder schweren PzKpfw hat zwangsläufig zu dauernden Verschiebungen der Gliederung in den Einheiten geführt. Endgültige Vorschläge für Gliederung

Dieser Tiger Ausf. E der schweren Kompanie des SS-PzRgt 2 „Das Reich" während des Unternehmens Zitadelle wurde mit einer Hakenkreuzfahne versehen. Die Turmnummer S13 ist undeutlich am Turm erkennbar. Der Panzer hat einen schweren Treffer an der Wannenfront erhalten, der jedoch nicht durchschlug. (NARA)

können aufgrund der bisherigen Erfahrungen noch nicht gemacht werden.

Fest steht, dass die organische Eingliederung von leichten PzKpfw in Tiger-Einheiten ***grundsätzlich*** *beibehalten werden muss. Verbindung, Erkundung, Aufklärung, Sicherung, Beweglichmachung des Führers, Heranschaffen von Ersatzteilen oder Verwundeten-Bergung können nur durch leichte PzKpfw gelöst werden. Zu diesem Zweck genügt es nicht, etwa in der Abteilung eine leichte Kompanie zu haben, sondern jeder Tiger-Kompanie-Führer muss grundsätzlich und zu jeder Zeit über leichte PzKpfw verfügen.*

Von Lage und Gelände wird es abhängen, ob jedem Tiger ein le. PzKpfw als Begleitwagen zugeteilt wird, oder ob der Kompanieführer die leichten PzKpfw geschlossen zur Verfügung behält. In bedecktem oder gebirgigem, womöglich mit Feindinfanterie durchsetztem Gelände, gehört zu jedem Tiger ein leichter Wagen zur Überwachung. In freiem, übersichtlichem Gelände gehören nur Tiger nach vorn, die leichten Wagen zur Verfügung des Kompanieführers. Daraus ergibt sich, dass die bisherige Gliederung, der Zug zu 2 Tiger und 2 le. PzKpfw zunächst beibehalten werden kann."

Hauptmann Lange, der Kommandeur der 2./s PzAbt 502 teilte der Heeresgruppe Nord in einem Erfahrungsbericht im Januar 1943 mit:

„... Panzer VI und Panzer III dürfen nie getrennt werden ... Beide Panzer III Züge können in Frontnähe oder an den Flanken zu Aufklärungszwecken verwendet werden. Sie schützen die Panzer VI gegen Panzervernichtungs-Trupps, und werden beim Angriff gegen weiche oder Flächenziele eingesetzt ..."

Der Hauptmann merkt ebenfalls an:

„... Die Ausstattung mit Nachschubdiensten sollte nach ausführlicher Auswertung der Erfahrungsberichte in den neuen KStN und KAN überprüft werden ..."

Die Erfahrungen des gemischten Einsatzes von Tigern mit den leichteren PzKpfw III zeigten vor allem eines: Wo immer Tiger angriffen, zog der Gegner Unmengen an PaK und Panzerbüchsen zusammen. Die leichten Panzer wurden als erste zusammengeschossen.

Die Organisation der Tigereinheiten wurde aufgrund der Erfahrungen geändert, neue Kriegsstärkenachweisungen (KStN 1150e und 1176e) wurden veröffentlicht. Die Umstellung auf die neue Gliederung verlief jedoch langsam, und offenbar nicht ohne Probleme. Scheinbar ergaben sich auch Zwischengliederungen, wie aus einem Fernschreiben des Generalstabs des Heeres vom 24.2.1943 ersichtlich wird:

Die Turmnummern dieser weiß getarnten Tiger wurden auf Tafeln am Turm befestigt, vielleicht aufgrund des wechselhaften Wetters. Die Panzer gehörten der s SS-PzAbt 103 an. (Anderson)

*„... **1) Der GenStdH befiehlt:***
a) jede neu aufzustellende s PzAbt Tiger (einschl. der s PzAbt 506) wird mit drei s PzKp aufgestellt.
b) für die s PzAbt 504, 501 und 505 wird in dieser Reihenfolge eine, für die s PzAbt 502 zwei weitere s PzKp aufgestellt (mit höherer Dringlichkeit als 1a).

2) Ausstattung
a) Abteilungsstab: 2 PzKpfw Tiger
Leichter Panzerzug: 6 PzKpfw IV
b) Kompanien: Kompaniestab 2 PzKpfw Tiger,
2 Züge zu je 4 PzKpfw Tiger

Die Begleitpanzer entfallen, die Fahrzeuge, die sich noch bei den Einheiten befinden, bleiben, werden bei Verlust jedoch nicht mehr ersetzt ...“

Laut diesem Fernschreiben wurden die leichten Panzer in den Kampfkompanien gestrichen, der leichte Panzerzug der Stabskompanie hingegen verblieb. Das in diesem Schreiben ausdrücklich PzKpfw IV benannt wurden, bleibt mysteriös.

Es scheint in der Truppe durchaus Befürworter der alten Lösung gegeben zu haben. Andere Erfahrungsberichte zeigen die Probleme auf, die im gemischten Einsatz auftraten. Das Panzerregiment „Großdeutschland“ berichtete am 27.03.1943:

*„... **Der Pz III im Rahmen einer Tiger-Kompanie***
Die Einsätze haben außerdem gezeigt, dass der Pz III, ursprünglich als Sicherungsfahrzeug für je 1 Tiger gedacht, dem normalen Beschuss in der Spitzeneinheit nicht gewachsen ist und mit Vorliebe vor den Tigern von den Abwehrwaffen des Gegners aufs Korn genommen wurde. Außerdem kommt hinzu, dass es günstiger ist, zur besseren Gewährleistung der Einsatzbereitschaft, die Kompanie reinrassig zu lassen, da schon allein durch das Mitführen von Pz III-Ersatzteilen neben den schwerwiegenden Tiger-Ersatzteilen ein sehr umfangreicher und komplizierter Instandsetzungsdienst (I-Staffel) notwendig ist. In diesem Falle ist es angebracht, sich bei den Tiger-Einheiten auf einen Typ, den Panzer VI, zu beschränken ...“

Es scheint naheliegend, dass das Vorhalten von zwei verschiedenen Panzertypen Nachschub- und Instandsetzungsdienste aufs Äußerste beanspruchte. Die bevorstehende Ausweitung der Ausstattung der Tiger-Kompanien auf 14 PzKpfw Tiger Ausf. E stärkte die Kampfkraft der Abteilung in einem Maße, dass der Verzicht auf die leichten Panzer leichtfiel. Teile der Aufgaben der leichten Panzer sollten durch leichte und mittlere Schützenpanzerwagen übernommen werden.

Der Generalinspekteur der Panzertruppe kommentierte das Schreiben des PzRgt Groß-

Eine Kompanie der s PzAbt 502, Winter 1943/44. Alle Fahrzeuge sind mit dem für diese Zeit typischen Zimmerit-Belag versehen. Der Winter-Tarnanstrich überdeckt alle Markierungen. (Anderson)

deutschland mit folgender Stellungnahme vom 27.04.1943:

„… Die Tigereinheit ist die wertvollste und schärfste Waffe innerhalb eines Panzerverbandes. Ihre stete Verwendung als Spitzeneinheit nützt sie vorzeitig ab, da sie durch Minen, Beschuss und Geländeschwierigkeiten starke Ausfälle haben wird. Die vielseitige Verwendungsmöglichkeit hat den Dauereinsatz im Gefolge. Die technische Überprüfung kommt zu kurz, der Tiger fällt aus. Die Kompanie steht dann nicht mehr voll kampfkräftig beim entscheidenden Einsatz zur Verfügung …

… In dem Bericht wird ferner die Forderung nach einer 2. Tigerkompanie gestellt (Großdeutschland verfügte im Panzerregiment zu dieser Zeit über nur eine s. PzKp., der Verf.), *um die Möglichkeit zu schaffen, die Tiger - Einheiten für die unter 1.) gekennzeichneten Verwendungszwecke überschlagend einzusetzen.*

Die Zuteilung einer Tiger-Kompanie zum PzRgt ist eine Übergangserscheinung. Geplant ist die Tiger-Abteilung zu drei Kompanien. Jede Kompanie 14 Tiger …

Der Stabskompanie wird kriegsgliederungsmäßig unterstellt werden:

a) 1 Aufklärungs- und Sicherungszug zu 6 PzKpfw IV lang

b) 1 Pionierzug (gep)

Der Überwachungspanzer für den Tiger wird damit hinfällig werden …“

Hier wird im Rahmen der neuen Gliederung wieder direkt und ausdrücklich auf einen leichten Panzerzug mit PzKpfw IV hingewiesen. Wenn sich diese Hinweise auch verdichten, so gibt es keine weiteren Hinweise, dass Tiger-Einheiten (Neuaufstellung oder Auffrischung) nach März 1943 mit leichten Panzerzügen, und dazu noch mit PzKpfw IV ausgestattet wurden. Am 14.05.1943 betont der Generalinspekteur der Panzertruppen in einem weiteren Schreiben an „GD“:

„… Eine Ausstattung von Tiger-Einheiten mit Pz III oder IV wird nicht als zweckmäßig erachtet. Da Tiger-Abteilungen Aufklärungselemente haben müssen, ordnete der Generalinspekteur die Aufstellung eines Versuchs-Aufklärungszuges (MTW) für die s PzAbt (Tiger) 503 an. Der Generalinspekteur wird entsprechend den Erfahrungen bei s PzAbt 503 entscheiden …“

Neben den Begleitpanzern in den Kampfkompanien wurde letztlich auch der leichte Panzerzug in der Stabskompanie verworfen. Für Aufklärung, Überwachung und alle weiteren Aufgaben wurden leichte Schützenpanzerwagen (SdKfz 250/1 und /5) zugeteilt. Diese Teileinheit wurde sodann gepanzerter Aufklärungszug genannt.

Interessanterweise verwies das Kommando der Tiger-Lehrgänge in Paderborn in einem

Bericht vom 28.5.1943 wieder auf die Nutzung von PzKpfw IV:
„... Die nötige Anwendung von Nebel erfolgt zu selten. In Bezug auf die zukünftige materielle Ausstattung der s PzAbt wird nur noch der Erkunderzug (Pz IV) fähig sein, Nebel zu verschießen. Aus diesem Grunde ist die Entwicklung von Nebelgranaten für die 8,8 dringend geboten. Die Nebelwurfbecher der Tiger sind nur zur direkten Einnebelung während eines Rückzuges von Minenfeldern oder Bergung unter Feindeinsicht geeignet ..."

In den neuen KStN wurden Nachschubdienste, Instandsetzung und die weiteren Teileinheiten an die veränderte Struktur angepasst.

Der Nachrichtenzug

Der Nachrichtenzug diente der Kommunikation zwischen Stab und den Teileinheiten der s PzAbt einerseits, sowie zwischen der Abteilung und höheren Befehlsebenen. Ursprünglich wurden dem Nachrichtenzug zwei PzBefWg Tiger (als SdKfz 267 mit Fu 6 und Fu 8 Gerätesatz) sowie ein PzBefWg III (als SdKfz 268 mit Fu 6 und Fu 7 Gerätesatz) zugeteilt. Letzterer diente dem Fliegerverbindungs-Offizier (FliVO) zur Koordinierung von Luftunterstützung. Nach Umstellung auf die neuen KStN wurde ein dritter PzBefWg Tiger zugewiesen.

Der Krad–Erkunderzug

Diese kleine Teileinheit diente ursprünglich Naherkundungs- und Aufklärungszwecken. Mit Inkrafttreten der neuen KStN im Mai 1943 wurde dieser aufgelöst. Teile seiner Aufgaben wurden vom gepanzerten Aufklärungszug sowie dem Erkundungs- und Pionierzug übernommen.

Der Pionierzug

Der Pionierzug erfüllte wichtige Aufgaben in der schweren Panzer-Abteilung. Ursprünglich nur mit Lkw ausgestattet, sollte dieser aufgrund entsprechender Erfahrungen beträchtlich ausgebaut werden. Mit der neuen KStN wandelten sich die Aufgaben, wie auch durch die neue Bezeichnung deutlich wird. Der Pionier- und Erkundungszug verfügte nun über 2 t Gleisketten-Lkw vom Typ Maultier, gerade an der Ostfront eine spürbare Verbesserung. Weiterhin wurde der mittlere Pionierpanzerwagen (SdKfz 251/7) eingeführt.

Der Generalstab des SS-Panzerkorps stellte aufgrund von Erfahrungsberichten der SS-PzGrenDiv „Leibstandarte Adolf Hitler", „Das Reich" und „Totenkopf" fest:
„... Die Aufgaben der Panzer-Pionierzüge (Tiger) können in drei Gruppen aufgeteilt werden:
1) Aufklärung
2) Räumen von Hindernissen aller Art. Bau von Wegen und Brücken.

Der Fliegerabwehrzug der s PzAbt war anfangs entweder mit 2-cm-Flak 38 auf SdKfz 10 oder mit 2-cm-Flakvierlingen auf SdKfz 7 (hier abgebildet) ausgerüstet. (Erdmann)

Ein Tiger der s PzAbt 507 im Osten. Die Panzer dieser Einheit sind durch ihre auffälligen Turmnummern leicht zu identifizieren. (Anderson)

3) Unterstützung bei der Bergung ausgefallener Panzer …
… Das ständige Mitführen von Brückenbau-Material für Tiger-Brücken von ca. 9 m Länge auf schweren Lkw ist überaus wichtig."

Abweichend von der gültigen KStN forderte das SS-Panzerkorps eine bessere Ausstattung mit Fahrzeugen:
„… 4 m PiPzWg (SdKfz 251/7), 4 Porsche Schwimmwagen, 3 Opel Maultier Lkw …"

Fliegerabwehrzug

Ursprünglich wurde den Tiger-Einheiten ein Fliegerabwehrzug von sechs SdKfz 10/4 zugewiesen, leichten Halbketten-Zugmaschinen mit aufgelasteter 2-cm-Flak. Auch hier brachte die KStN 1943 Änderungen. Die sechs SdKfz 10/4 wurden durch drei SdKfz 7/1, mittlere Zugkraftwagen 8 t mit 2-cm-Flakvierling, ersetzt, was eine wesentliche Verstärkung der Feuerkraft brachte.

Anscheinend war nicht jede Einheit mit Flak-Selbstfahrlafetten ausgestattet. Auch waren die 1943er-Änderungen durchaus nicht unumstritten, wie in einem Erfahrungsbericht der s PzAbt 503 vom 10.10.1943 zu lesen ist:
„… Der Fliegerabwehrzug, der noch nach der alten KStN mit sechs Geschützen Flak 38 ausgestattet ist, hat sich gut bewährt (sieben anerkannte Abschüsse). Sehr wünschenswert wäre seine Ausrüstung mit Selbstfahrlafette. Wesentlichster Faktor für den Fla-Zug einer selbständigen Abteilung bleibt die Möglichkeit, mehrere Objekte gleichzeitig zu schützen. Deshalb zieht die Abteilung auch die Ausstattung mit sechs Flak 38 – Aufteilung in zwei Halbzügen – der neuen Ausstattung mit drei Vierlings-Flak vor …"

Gegen Ende 1943 setzte sich die Erkenntnis durch, dass die vorhandenen Flugabwehrwaffen auf Selbstfahrlafetten am Ende Ihrer Möglichkeiten angelangt seien. Sowohl in Hinsicht auf ihre geringe Beweglichkeit in schwerem

Gelände als auch den fehlenden Panzerschutz konnten Kampfaufträge nicht mehr vollständig erfüllt werden. Aus diesem Grunde wurde auf dem Fahrgestell des PzKpfw IV ein Flakpanzer entwickelt. Ab Juni 1944 war der „Möbelwagen" produktionsreif und konnte an die Truppe ausgeliefert werden. Dieses Fahrzeug trug eine 3,7-cm-Flak 43, die nach Abklappen der gepanzerten Seitenwände wirkungsbereit war. Diese Lösung konnte nicht voll überzeugen. Ab Juli stand der Flakpanzer „Wirbelwind" zur Verfügung. Dieser trug einen 2-cm-Flakvierling in einem oben offenen leicht gepanzerten Drehturm. Die Fahrzeuge wurden in Panzer Fla-Zügen zusammengefasst. Anfangs waren diese mit 8 „Möbelwagen" ausgestattet, mit Auslieferung der „Wirbelwinde" wurden je vier Fahrzeuge zugeteilt.

Aufgrund der Lage erhielten nur die schweren Panzerabteilungen 503, 506 und 509, sowie die s. SS-PzAbt. 501 und 503 je einen Panzer-Fliegerabwehrzug.

Die s PzAbt 503 berichtet über Erfolge der Flugabwehr am 25.11.1944:

„... Der Vierling hat sich im Panzer-Flakzug außerordentlich bewährt. Dank seiner Beweglichkeit und Panzerung sind sie immer sofort in der Lage, angemessenen Schutz gegen Fliegerangriffe zu gewährleisten. Auch im Kampf gegen Bodenziele waren sie sehr wirkungsvoll. In kurzer Zeit hat der Vierlingszug drei bestätigte und weitere zwei wahrscheinliche Abschüsse erzielt. Die 3,7-cm-Flak ist nicht geeignet, einen Panzerangriff zu begleiten. Wenn die Flak einsatzbereit ist, steht die Bedienung vollständig ungeschützt auf dem Fahrzeug, und wenn das Geschütz marschbereit verzurrt ist, dauert es zu lange, um Wirkungsbereitschaft herzustellen ..."

Gegen Ende 1944 wurden verbesserte Selbstfahrlafetten für die 3,7-cm-Flak 43 entwickelt. Der „Ostwind", der die Waffe wie der „Wirbelwind" in einem leicht gepanzerten Drehturm trug, erreichte die Truppe in sehr geringen Stückzahlen.

In dem Nachrichtenblatt der Panzertruppen vom Januar 1945 wird die Problematik auf den Punkt gebracht. Auszüge:

„Panzerbekämpfung des Feindes aus der Luft

1) Panzerwaffe und Luftwaffe als die Hauptträger des modernen Krieges sind infolge ihrer großen Beweglichkeit zur Zusammenarbeit besonders geeignet. Andererseits kann die gegnerische Luftwaffe bei richtigem taktischen Einsatz ... zu einem der gefährlichsten Gegner der Panzer werden.

2) Im Anfangsstadium ... wurden die Panzerverbände selbst durch Kampfflugzeuge ... mit Sprengbomben bekämpft. Der „Bombenteppich" erwies sich bei Einsatz starker Luftwaffenverbände zwar als wirksam, war aber unwirtschaftlich.

3) Um Panzer ... wirksam bekämpfen zu können war es notwendig, die Panzer einzeln anzugreifen ... Der Beschuss mit leichten Kampfwagen mit den Bordwaffen von Kampfflugzeugen erwies sich als wirksam. Schwere Kampfwagen konnten jedoch nur beschädigt ... werden.

4) Durch Einbau großkalibriger Bordkanonen in einmotorige Kampfflugzeuge wurden diese in die Lage versetzt, auch schwere Panzer zu vernichten ...

5) Diese Panzerjäger sind durch die Entwicklung der Raketengeschossträger überholt ...

6) Den Vorteilen der Panzerbekämpfung aus der Luft (große Beweglichkeit und Unabhängigkeit

Dieser Tiger, fotografiert in Russland, gehörte der s PzAbt 505 an. Die Besatzung war bei der Tarnung etwas uninspiriert. (Anderson)

vom Gelände) stehen folgende Nachteile gegenüber:

a) Geringere Geschwindigkeit …

c) Große Empfindlichkeit bei Tiefangriffen gegenüber der Erdabwehr …

7) Die Abwehr dieser feindlichen Panzerbekämpfungs-Flugzeuge besteht in Tarnung bis zur Unkenntlichkeit, aktiver Abwehr mit allen Waffen …"

Instandsetzungsstaffel und Bergegruppe

Die ursprüngliche KStN vom August 1942 zeigte eine relativ kleine Instandsetzungsstaffel, diese sollte die Tiger-Besatzungen bei regelmäßigen Wartungsarbeiten unterstützen. Für größere Reparaturarbeiten wurde die Panzer-Werkstattkompanie herangezogen, die ebenfalls Teil der s PzAbt war. Mit dem Wechsel zur neuen KStN im Jahre 1943 wurde die Inst.-Staffel stark vergrößert. Erfahrungen zeigten, dass die beweglichen Staffeln mehr Lkw-Raum sowie 2 Kräne brauchten. Weiterhin wurde ein Bergezug eingeführt. Die darin aufgeführten Bergeschlepper 35 t (SdKfz 20) wurden jedoch nie produziert. Im Normalfall wurde jeder der beiden Bergeschlepper durch vier s ZgKw 18 t (SdKfz 9) ersetzt.

Ausrüstungsmäßig blieben die Bergezüge so auf Vorkriegstand. Das außerordentlich hohe Gewicht der PzKpfw Tiger sollte die Einheiten vor ebenso außerordentliche Aufgaben stellen.

Die desolate Versorgungslage zwang die deutschen Panzereinheiten, ausgefallene Panzer um jeden Preis zu bergen. Diese Forderung galt insbesondere für die wertvollen Tiger. Es müssen sich spektakuläre Szenen abgespielt haben, mangels adäquater Bergemittel wurden je nach Lage bis zu fünf schwere Zugmaschinen zusammengekoppelt, um einen ausgefallenen Tiger abzuschleppen.

Sanitätstrupp

Der Sanitätstrupp bestand aus einem Geländewagen, einem Lkw und einem mittleren Kranken-Panzerwagen (SdKfz 251/8). Diese

Organisation blieb grundsätzlich bis Kriegsende gültig.

Nachschubstaffel und Gefechtstross

Diese wichtige Teileinheit verfügte über Lkw für alle denkbaren Transportaufgaben. Mit Inkrafttreten der 1943er-KStN wurde die Zahl der Lkw den Anforderungen angepasst und erhöht.

Die schwere Panzerkompanie

Die ursprüngliche schwere Panzerabteilung hatte insgesamt 20 Tiger und 26 PzKpfw III in ihren zwei schweren Panzerkompanien. Mit der neuen KStN vom März 1943 wurde die Zahl der Kompanien auf drei erhöht. Pro Kompanie waren einheitlich 14 Tiger zugewiesen. Dies wurde nicht zuletzt möglich durch die gestiegenen Produktionszahlen. Nach Einführung des Tiger Ausf. B blieb es bei dieser Gliederung mit 45 Tigern in der schweren Panzerabteilung.

Produktion 1942–1944
1942: 69 Tiger Ausf. E
1943: 550 Tiger Ausf. E
1944: 794 Tiger Ausf. E

Produktion 1944–1945
1944: 377 Tiger Ausf. B
1945: 112 Tiger Ausf. B

Die „freie Gliederung"

Im Juni 1944 wurde für viele Kriegsstärkenachweisungen eine neue Organisationsstruktur, die „freie Gliederung" (fG), eingeführt.

Die Stabskompanie wurde umfassend umgestaltet. Mit der KStN 1107 (fG) wurde diese verkleinert. Der Erkundungs- und Pionierzug erhielt fünf handelsübliche Lkw 3 t anstelle der drei Maultiere. Auch der Fliegerabwehrzug erhielt für seine Gleisketten-Lkw 2 t normale Lkw 3 t. Der Instandsetzungszug, die Bergegruppe und alle Nachschubdienste einschließlich des Sanitätstrupps wurden gestrichen. Die Gesamtstärke konnte so von 290 auf 171 Mann reduziert werden.

Auch die schwere Panzerkompanie (fG) wurde verkleinert. Die Zahl der Panzer wurde nicht angetastet, die Kfz-Instandsetzungsgruppe und der Gefechtstross wurden hingegen aufgelöst. Die Gesamtstärke wurde von 155 auf 87 reduziert.

Die freigewordenen Teileinheiten wurden in einer neuen Versorgungskompanie gemäß KStN 1151b (fG) zusammengefasst. In dieser waren auch der Sanitätstrupp, unter Streichung des wertvollen Krankenpanzerwagens, sowie die Instandsetzungsstaffel, die einige Halbkettenfahrzeuge opfern musste, eingegliedert. Die Bergegruppe wurde bedeutend verstärkt. Endlich war mit fünf Bergepanthern adäquates Bergegerät vorhanden. Die Streichung von Halbkettenzugmaschinen war hinzunehmen.

Ein Grund für die Einführung der „freien Gliederung" lag, neben den Änderungen aufgrund regelmäßiger Analyse von Erfahrungen der kämpfenden Truppe, sicherlich in einer gewollten Verschlankung der Stabskompanie. Ganz zweifellos konnten so Personal und Ma-

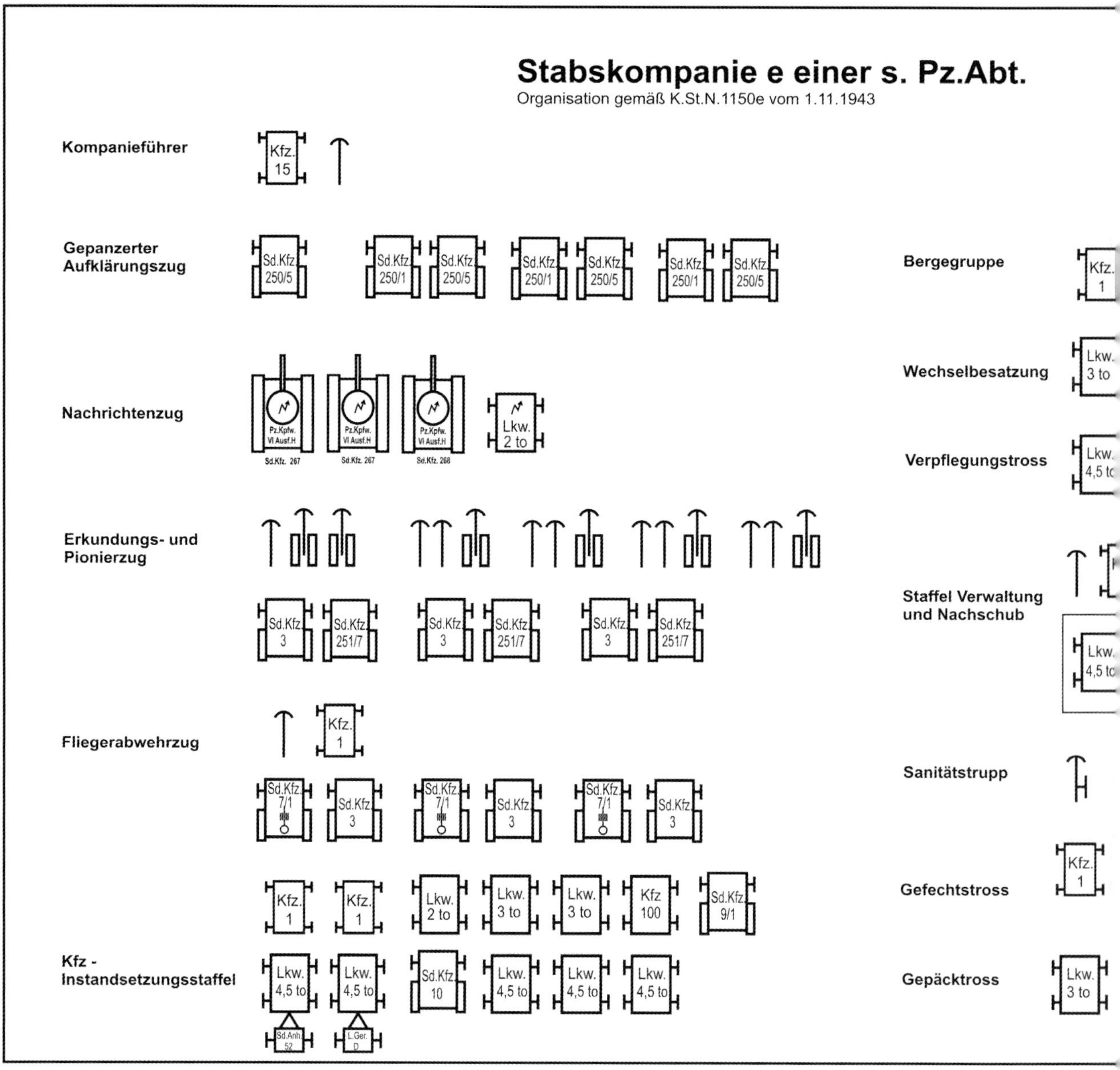

terial eingespart werden. Und ebenso zweifellos musste angesichts der schlechten Versorgungslage rationiert werden.

Das Nachrichtenblatt der Panzertruppe vermerkt zu diesem Thema noch im Februar 1945: „… *Auf Grund von Truppenerfahrungen und zur Angleichung an die Personal- und Materiallage wurden sämtliche KStN „Freie Gliederung" für Panzer- und Panzergrenadierdivisionen sowie Heeres-Abteilungen neu bearbeitet und gelangen mit Ausgabedatum 1.11.44 durch das AHA zur Verteilung …"*

Die Panzer-Bergekompanie

Die deutschen Truppen litten unter einem allgemeinen Mangel an Zugmitteln. Beim Aufbau der Panzertruppe waren Zugkraftwagen die erste Wahl, um ausgefallene Panzer zu bergen. Halbketten-Zugmaschinen waren spezialisierte Fahrzeuge, die größtmögliche Geländegängigkeit mit hoher Durchschnittsgeschwindigkeit auf festen Straßen verbanden.

Bei einem Gewicht der Panzer bis 20 t sollte sich das bestätigen. Die s ZgKw 18 t (SdKfz 9) waren mit ihrer Winde in der Lage, festgefah-

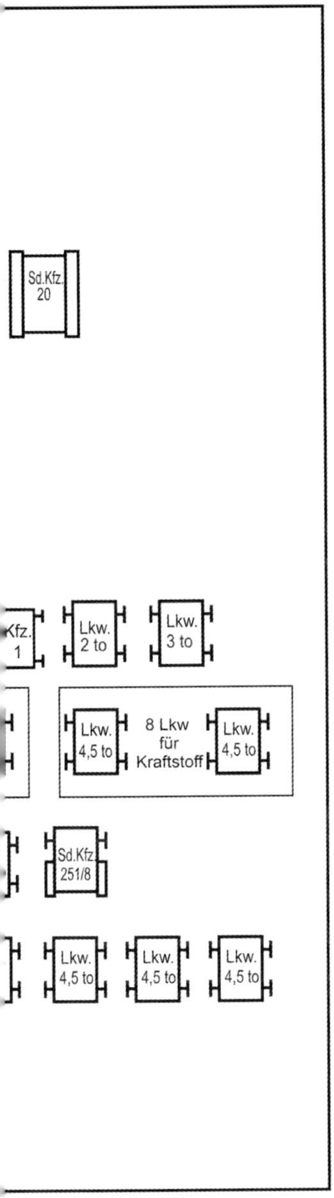

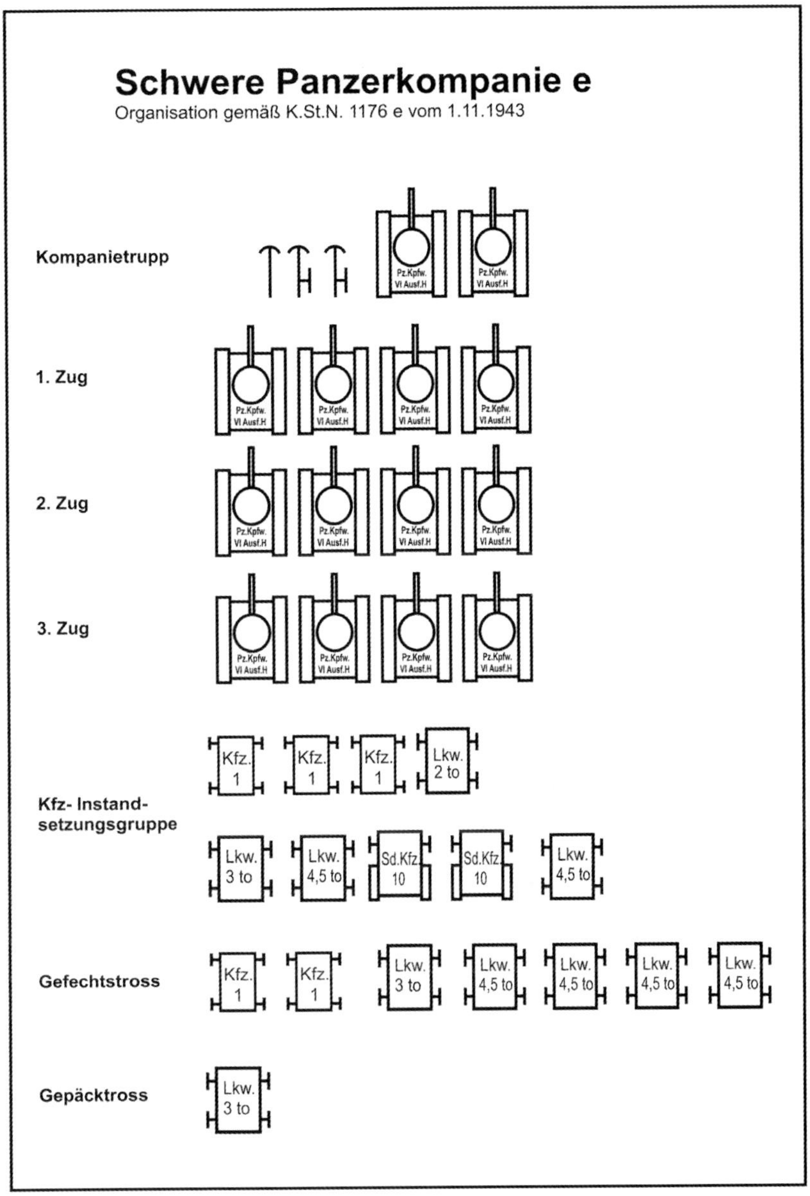

rene PzKpfw III und IV freizuschleppen, die unbeweglichen Panzer konnten leicht mit dem schweren Tiefladeanhänger 22 t (Sd.Anh. 116) über große Distanzen bewegt werden. Die Entwicklung schwerer Panzer stellte die Bergedienste vor große Probleme. Panzer wie der Panther oder der Tiger waren schlicht zu schwer. Wohl waren die Famos stark, jedoch mangelte es ihnen aufgrund ihres verhältnismäßig geringen Gewichts an Traktion. Bis zu fünf Zugmaschinen mussten gekoppelt werden, um einen Tiger freizuschleppen.

Im Verlauf der Kämpfe an der Ostfront gingen viele leicht beschädigte Panzer durch fehlende Bergemöglichkeiten verloren. Das OKH merkt dazu am 29.12.1943 an:

„... Im Osten gehen zahlreiche Panzer wegen des Mangels an Berge-ZgKw. verloren. Infolgedessen wird an Chef Heeresrüstung die dringende Forderung gerichtet, die Fertigung der Zgkw. bereits im I. Vierteljahr 1944 wie folgt anzuheben:

18 t ZgKw	*auf 150*
12 t ZgKw	*auf 150*
Schwerer Wehrmachtsschlepper	*auf 170"*

Dieser Tiger einer unbekannten Panzerabteilung fährt durch einen dichten Wald. Gerade im Westen boten Wälder Schutz vor Luftangriffen. (Anderson)

Aus diesem Grunde wurden im Jahre 1943 Panzer-Bergekompanien aufgestellt, die auf Armee-Ebene verfügbar waren. Die Ausstattung war gemäß der KStN 1189 vom 1.11.43 bewilligt. Die Kompanie verfügte über zwei Züge mit je neun s ZgKw 18 t (SdKfz 9) und drei Tiefladeanhänger 22 t (SdAnh116) zur Bergung leichter Panzer (PzKpfw IV, StuG III). Auf dem Papier war der dritte Zug zur Bergung schwerer Panzer mit neun Bergeschleppern 35 t (SdKfz 20) ausgestattet. Desweiteren standen laut der Nachweisung zwei schwere Tiefladeanhänger 65 t (SdAnh 121) zur Verfügung.

Zweifellos war zu dieser Zeit allgemein bekannt, dass die Bergeschlepper 35 t nie zur Auslieferung kommen sollten. In der Fußnote der Nachweisung findet man folgenden Hinweis:

„... Ausstattung reinrassig mit Bergeschlepper 35 t (SdKfz 20), oder T-34 oder KW-1. Im Falle Ausstattung mit s. Zgkw. 18 t (SdKfz 9), werden für jeden Bergeschlepper 35 t (SdKfz 20) zwei s. Zgkw. 18 t (SdKfz 9) zugeteilt ...“

Die Tatsache, dass Beutematerial ganz offiziell Eingang in deutsche Kriegsstärkenachweisungen findet, wirft ein bezeichnendes Licht auf die Leistungsfähigkeit der deutschen Industrie.

Tiger in Kampfgruppen

Das Kapitel über die Organisation der Tiger-Einheiten kann nicht abgeschlossen werden, ohne auf die Praxis der Aufstellung von Kampfgruppen einzugehen.

Kampfgruppen wurden für einen begrenzten Zeitraum zur Erlangung eines taktischen Zieles aufgestellt. Dazu konnten Waffen aller Waffengattungen herangezogen werden, im einzelnen Panzer, Infanterie, Panzerjäger und Artillerie. Diese Art der Kampfführung wurde bereits 1940 erfolgreich durchgeführt.

Kampfgruppen konnten gezielt oder infolge eigener Verluste aufgestellt werden. Im Verlauf des Abnutzungskrieges im Osten wurden Kampfgruppen mehr oder weniger regelmäßig aufgestellt. Viele Einheiten hatten derartige Verluste, das ihr Kampfwert gegen Null ging. So wurden verbliebene Reste einzelner Regimenter oder Divisionen zwangsläufig zusammengelegt.

Ein gutes Beispiel war die Kampfgruppe Sander. Während der letzten Kämpfe um Stalingrad wurde die 2./s PzAbt 502 mit zwei PzKpfw Tiger Ausf. E und 13 PzKpfw III den Restteilen des PzRgt 201 (23. PzDiv) unterstellt. Die zwei Tiger sollten eine wertvolle Unterstützung für das abgekämpfte Regiment sein.

Die s PzAbt 503 berichtet von einer ähnlich gearteten Kampfgruppe:

*„... **22.2.43***
Nach dem Angriff am 21.2.43 auf Anastassijewka, der bis zum Einbruch der Dunkelheit dauerte und wegen des starken Feindwiderstandes, des restlosen Munitionsverbrauchs und dem Totalausfall von 2 PzKpfw III durch PaK-Beschuss abgebrochen werden musste, erhielt die Abteilung den Befehl, die Sicherung an den Übergängen der Ssarmatskaja-Schlucht bei und südlich Sowchose Nr. 15 zu übernehmen.
1 Zug PzAbt. 116 (1 PzKpfw IV und 3 PzKpfw III) wurden für diese Aufgabe der Abteilung unterstellt. Die Gesamtstärke für diesen Auftrag betrug:
2 PzKpfw VI,
1 PzKpfw IV (7,5 cm lang),
3 PzKpfw III (5 cm lang),
5 PzKpfw III (7,5-cm-Kurz),
etwa 20 Schützen der 79. InfDiv ...“

Dieses Beispiel zeigt, dass der gemischte Einsatz von Kampfgruppen durchaus üblich und wirksam war. Der Einsatz gegen Anastassijewka gegen einen zahlenmäßig überlegenen Gegner in gut befestigten Stellungen war erfolgreich. Am Abend konnte gemeldet werden:

*„... **Der Erfolg dieses Gefechtes:***
4 T-34 abgeschossen,
1 T-34 angeschossen,
2 Panzerspähwagen abgeschossen,
3 PaK abgeschossen,
6 PaK erbeutet,
1 2-cm-Fla-Geschütz erbeutet,
3 Kräder, 1 Pkw, 73 Lkw abgeschossen oder erbeutet
60 Feindtote

An Verlusten hatte die Abteilung:
1 PzKpfw VI (Totalausfall durch Beschuss),
1 PzKpfw III (Totalausfall durch Beschuss),
2 Tote,
1 Verwundeter ...“

Im Angriff erzielte die s PzAbt 503 mit schwachen Kräften einen Erfolg gegen einen überlegenen, eingegrabenen Gegner. Die geringe Zahl einsatzbereiter Tiger wurde durch die noch vorhandenen leichten Panzer sowie durch einen Zug der PzAbt 116 verstärkt. Besonders der Vergleich der menschlichen Opfer offenbart die fürchterlichen Verluste der russischen Verteidiger.

Ein Dokument der Heeresgruppe Nord vom 1.6.44 bestätigt:

„... Nachtangriffe mit Panzereinheiten oder gemischten Kampfgruppen können vielversprechend sein. Feind-PaK und Artillerie können nachts nicht das offene Feuer eröffnen ... Gemischte Kampfgruppen haben große Aussichten auf Erfolg. Die folgende Zusammenstellung hat sich als geeignet erwiesen:
1 Panzerkompanie mit 10–14 Panzern
1 PzGren.Kp. und 1 Panzer-Pionier-Zug mit 20–30 MTW ...“

Ein Erfahrungsbericht der 13. PzDiv vom 13.1.1944 zeigt die Vielfalt der möglichen Zusammenstellungen:

„Erfahrungen über Wesen und Führen von gepanzerten Kampfgruppen,
mit Rücksicht auf die schwierige materielle Situation der 13. PzDiv.
In den vergangenen Kämpfen hat sich folgende Zusammenstellung für gemischte Kampfgruppen bewährt:
1 PzGrenBtl, Teile des PzAufklBtl.:
15 -25 MTW aller Ausführungen
1 PzKp., im günstigsten Fall ein Btl.
Im Durchschnitt 10–15 Panzer III und IV
In einigen Fällen 1 Sturmgeschütz-Batterie
4–6 Sturmgeschütze
1 Panzerjäger-Kompanie
4–10 Geschütze
1 2-cm-Flak-Batterie (Sfl)
3–5 Geschütze
1 Artillerie-Abteilung (Sfl), Hummel und Wespe
Bis zu 10 Geschütze ...“

Unter normalen Nachschubbedingungen konnte die Bildung gemischter Kampfgruppen einen direkten Nutzen bringen, in gewissen Gefechtslagen machte es mehr Sinn, die Kräfte den Anforderungen anzupassen.

Zum Ende des Krieges gehörten Kampfgruppen zur alltäglichen Kampfführung, die geringe Zahl von Panzern zwang zur Zusammenfassung aller kampffähigen Kräfte. Wenn jedoch einzelne Panzer, und waren dies auch Panzer vom Schlage eines Tiger Ausf. B, mit schwachen Kräften ins Gefecht gegen einen überlegenen, gut organisierten Gegner fuhren, so stand das Ergebnis von vornherein fest.

Hier zeigen vier Tiger Ausf. B ihre Fähigkeiten im scharfen Schuss. Der Rohrwischer liegt auf der Kette bereit, da es sich nicht um einen Fronteinsatz handelt.
(Münch)

Der Tiger im Gefecht

Die neu aufgestellten schweren Panzerabteilungen sollten auf Heeresgruppenebene massiert an Brennpunkten eingesetzt werden. Aufgrund ihrer schweren Panzerung und Bewaffnung war den Tigern die Aufgabe zugedacht, den Durchbruch durch die feindlichen Linien zu erzwingen. Doch konnten diese den Erwartungen gerecht werden?

Generalfeldmarschall Erwin Rommel wurden ab Mitte 1942 schwere Panzer vom Typ Tiger Ausf. E zugesagt. Hier betrachtet er einen ersten Tiger, vermutlich in Kummersdorf. Kettenabdeckungen waren noch nicht produktionsreif, bei diesem Wagen wurde improvisiert. Auch die Schäkel entsprechen nicht der Serie.
(Kadari)

Alfred Rubbel, ein Ehemaliger der s PzAbt 503, erinnert sich:
„... Ich war im Januar 1943 zur Schießschule der Panzertruppen nach Putlos versetzt worden ... Die Schule hatte neben ihrem Ausbildungsprogramm noch den Auftrag für die Umschulung auf den neuen schweren Panzer erhalten - leider fehlten noch die Tiger! ... Wir vertrieben unsere Zeit mit Tanzen, wo sonst sollten wir Mädchen kennenlernen ... Ende Januar stürmte mein Freund Heino in die Kantine: Er ist da! Der erste Tiger ist da. Wir liefen raus zu den Fahrzeughallen. Es war ein gehöriger Schreck. Ich weiß nicht, was ich erwartet hatte. Wir haben an der Ostfront gegen den T-34 gekämpft, wir warteten auf einen Panzer mit schnittiger, eleganter Form. Unsere Enttäuschung angesichts des klobigen Eisenkastens war schon groß ...“

Im Einsatz an der Ostfront – Winter 1942/43

Die Aufstellung der ersten Einheiten vollzog sich eher langsam. Im August dieses Jahres waren der s PzAbt 502 im Bereich der Heeresgruppe Nord gerade neun Tiger zugeteilt worden. Panzerbefehlswagen waren noch nicht verfügbar.

Ein unbekannter Offizier beklagte sich in einem Bericht über den wenig professionellen ersten Einsatz der Tiger bei Mga nahe Leningrad:

„... Herrn General wird ja auch das weitere Schicksal der PzAbt 301 und 502 sehr am Herzen liegen. Ich darf deshalb in deren Interesse darauf hinweisen, dass es so nicht weitergehen kann. Nach den Schilderungen, die ich bekam, sind bei s PzAbt 502 von den neuen Pz IV gleich drei abgeschossen worden, weil sie, durch Minen in ihrem Einsatz behindert, gegen mehrere T-34 eingesetzt wurden, die bis an die Nase eingebaut waren. Die Kompanie Hauptmann ... (Ritterkreuzträger, damals gefallen) soll gleichfalls in russische Minenfelder geschickt und dabei nahezu aufgerieben worden sein mit ihrem kostbaren neuen Gerät ...“

Dieser kurze Bericht offenbart, das die bewährten deutschen taktischen Grundsätze während dieses ersten Einsatzes sträflich vernachlässigt wurden. Aufklärungsergebnisse wurden scheinbar nicht verwertet, oder falsch ausgelegt. Möglicherweise wurde dieser Angriff von höherer Stelle befohlen, ohne auf die verantwortlichen Offiziere an der Front zu hören. Ein auf diese Weise durchgeführter Einsatz ist immer riskant, mit neuen, unerprobten Panzern muss er scheitern!

Am 2. April 1943 veröffentlichte das A.O.K. 18 einen Bericht über die Panzerabwehr in den Kämpfen vom 12.1. – 31.3.1943, ebenfalls im Bereich der s. PzAbt 502 (siehe Tabelle unten):

Einer der ersten Tiger Ausf. E auf dem Transport zur Heeresgruppe Nord. Der Panzer wurde entgegen der Weisung mit Gefechtsketten auf einem SSyms-Waggon verladen. Um das Ladeprofil nicht zu überschreiten, waren schmalere Transportketten verfügbar. Das Wappen der schweren Panzerabteilung 502, ein weißes Mammut, ist undeutlich neben dem Bug MG erkennbar. (Anderson)

Im Schlamm der Ostfront. Auch bei diesem Tiger der s PzAbt 502 mit der Turmnummer „3“ fehlen die seitlichen Kettenabdeckungen. Die auffallenden großen Luftfilter auf dem Motordeck sind noch nicht installiert. Der Panzer ist in dunkelgrauer Grundfarbe ausgeliefert worden, der schwere Lehm sorgte für die entsprechende Tarnung. (Hoppe)

„A. Panzer
Der Einsatz der 1./s. PzAbt 502 erfolgte in drei Abschnitten:
1.) vom 12.1. – 5.2. südl. des Ladoga-Sees bei Ssinjawino,
2.) vom 12.2. – 17.2. bei Mischkino, Tschernyschewo und Porkusi,
3.) vom 19.3. – 31.3. südl. Krassnyj Bor (der Einsatz ist noch nicht abgeschlossen)

DEUTSCHE ERFOLGE IN DEN GEFECHTEN IM NORDABSCHNITT DER OSTFRONT

	Zu 1.)	Zu 2.)	Zu 3.)
Höchstzahl der an einem Tage eingesetzten	6 PzKpfw VI	3 PzKpfw VI	4 PzKpfw VI
Panzer (mit Neuzuweisungen)	15 PzKpfw III	3 PzKpfw III	3 PzKpfw III
Zahl der abgeschossenen Pz.	55	57	48
Eigene Verluste	43 Mann	6 Mann	3 Mann
	6 PzKpfw VI	3 PzKpfw VI	–
	12 PzKpfw III	1 PzKpfw III	–

Wagen Nummer „4" beim Aufmunitionieren. Die Soldaten tragen 8,8 cm Sprenggranaten, um sie in den Panzer zu verladen. Mit Einbruch des Winters wurden die Panzer der s PzAbt 502 mit weißer Farbe getarnt. Griffen Tiger an, wurde mit allen Kalibern geschossen, die Laufrollen zeigen Beschussspuren von russischen Panzerbüchsen. Beachtenswert ist die fehlende äußere vordere Laufrolle. Da gefrorener Schlamm das Treibrad blockieren konnte, wurden diese oft abgenommen.
(NARA)

Bemerkungen:
Zu 1.)
Am 12.1. geschlossener Einsatz der Kp in Zusammenarbeit mit einem GrenRgt im Gegenangriff; in der Folge Einsatz zu örtlichen Gegenstößen zugweise und im Einzeleinsatz. Ungünstiges Gelände.

Zu. 2.)
Ein Einsatz mit dem Auftrag, erkannte feindliche Panzerbereitstellung anzugreifen (Abschuss von 31 Panzern) in der Folge von Gegenstößen.

Zu. 3.)
Hauptsächlich Einsatz mit dem Auftrag, an der Rollbahn vorstoßende Feindpanzer anzugreifen und zu vernichten. Aufträge, eigene Infanterie in Waldkämpfen zu unterstützen, konnten infolge des weichen Bodens nicht durchgeführt werden.

B. Sturmgeschütze
1.) Einsatz der StuGAbt 226 während des Zeitabschnittes:
a) Zahl der eingesetzten StuG einschl. Neuzuweisungen: 41
b) Zahl der abgeschossenen Feindpanzer: 210
c) Eigene Verluste
Personal: 95
Material (Totalausfälle): 13

2.) Einsatz der StuGBttr der 1., 10., 12., und 13. LwFeldDiv:
a) Zahl der eingesetzten StuG einschl. Neuzuweisungen: 20
b) Zahl der abgeschossenen Feindpanzer: 17
c) Eigene Verluste
Personal: 34
Material (Totalausfälle): 5

3.) Bemerkungen:
Einsatz der StuGAbt 226 Batterie- und Zugweise; der Einsatz der StuG Batterien der Luftwaffe erfolgte in Anlehnung und Zusammenarbeit mit den Einheiten der StuGAbt, um diesen Einheiten die fehlende Kampferfahrung zu verschaffen …

C. Panzerjäger
Die Zahl der bei der Armee vorhandenen einsatzbereiten und eingesetzten PaK betrug im Durchschnitt:
253 mittlere PaK
383 schwere PaK (mot-Zug und Sfl)

Der Einsatz der mittleren und schweren PaK leidet unter der mangelnden Beweglichkeit. Auch für die ab 10.2. neu überwiesenen 53 s PaK sind keine geeigneten geländegängigen Zugmittel vorhanden. Eine Schwerpunktbildung ist sogar im Bereich des

Korps nicht möglich, ganz abgesehen davon, dass die vorhandenen s PaK noch immer nicht dazu ausreichen …

D. Übersicht:
In der Zeit vom 12.1. bis 31.3.43 wurden insgesamt
697 Feindpanzer vernichtet,
172 Feindpanzer bewegungsunfähig geschossen,
zusammen 869.

Diese verteilen sich wie folgt:
a) StuGAbt 226: 210

StuG der LwFeldDivn 17:	*227*
b) Panzer (1./s PzAbt 502):	*160*
	Gesamt 387

d) Von den verbleibenden 482 abgeschossenen Feindpanzern entfallen 47 auf die FlaK 8,8 cm.
e) Der Rest von 435 entfällt in der Masse auf Abschüsse der s PaK"

Dieser Bericht über die Gefechte am Ladoga-See offenbart eine Fülle interessanter Details. So erlauben die Zahlen eine Analyse der Erfolge und Verluste. Die s PzAbt 502 erreichte ein eindrucksvolles Ergebnis, besonders während des dritten Einsatzes vom 19. – 31.3.1943. Vier Tiger, unterstützt durch drei PzKpfw III zerstörten 48 gegnerische Panzer ohne eigene Verluste. Die beiden anderen Einsätze endeten ebenfalls erfolgreich, forderten jedoch 13 Totalverluste. Zusammengerechnet ergab sich so ein Schnitt von 7:1, und das in panzerungünstigem Gelände. Die Tiger kämpften jedoch nicht isoliert! Die StuGAbt 226 war ebenso erfolgreich, die gefürchteten Sturmgeschütze zerstörten 210 Feindpanzer bei 41 eigenen Verlusten, ein Verhältnis von 16:1. Das bessere Abschneiden der Sturmartilleristen im Vergleich zu den Tigern lässt sich vielleicht mit deren ungleich höheren Einsatzerfahrung erklären, die Abteilung 226 stand seit Juli 1941 an der Ostfront.

Die Luftwaffen-Felddivisionen schnitten deutlich schlechter ab. Diese waren noch nicht lange mit Sturmgeschützen ausgerüstet, jede Division sollte 10 StuG in einer Panzerjägerkompanie erhalten. Der Grund für das deutlich schlechtere Abschneiden (3:1) lag sicher in der Unerfahrenheit der Besatzungen. Jedoch muss auch gesagt werden, dass Sturmgeschütze aufgrund ihres fehlenden Turmes gewissen Einschränkungen unterworfen sind. Sturmgeschütze sind keine Panzer, und müssen dementsprechend eingesetzt werden. Ihr Einsatz im Rahmen einer Panzerjägerkompanie ist kritisch zu bewerten.

Auch das Abschneiden der Panzerjäger, sowohl im motorisiertem Zug als auch auf Selbstfahrlafetten ist beeindruckend. Mehr als 50% der abgeschossenen Feindpanzer gingen auf das Konto von mittlerer (5 cm) und schwerer (7,5 cm) PaK. Leider wurden diese Zahlen nicht weiter zwischen gezogener PaK und PaK auf Sfl aufgeschlüsselt.

Dieser Tiger der s PzAbt 502 (Turmnummer 1) ist in einen Granattrichter gesunken. Auf diesem Farbfoto sind die Farben recht gut erkennbar. Die entspannte Haltung der Soldaten weist darauf hin, dass der Panzer wohl bald geborgen wird. (Anderson)

Tiger der s PzAbt 502 in einer Ortschaft. Hier scheinen auch Teile des Inst-Zuges untergezogen zu sein. Gerade im russischen Herbst und Winter mussten die Fahrzeuge regelmäßig gewartet werden, um ihre Einsatzbereitschaft sicherzustellen. Die römische Ziffer „I" am Turm ist schwach erkennbar, dies war ein Wagen des Nachrichtenzuges. (Münch)

Ein weiterer Tiger des Nachrichtenzuges der s PzAbt 502, taktische Nummer „II". Die Halterungen der seitlichen Ersatzkettenglieder scheinen abgebrochen, vielleicht durch Beschuss. Man beachte den zähen Schlamm im Laufwerk, der nun festgefroren ist. Die Tiger dieser Einheit hatten ein außergewöhnlich großes Balkenkreuz. (Hoppe)

Ein Schnappschuss für das Familienalbum. Die Besatzung dieses Tigers zeigt die Fähigkeiten ihres Panzers. Eindrucksvoll schiebt sich die Silhouette des schweren Panzers über den Erdhügel. (Kadari)

Insgesamt erlauben diese Zahlen den Schluss, dass die deutschen Angreifer wesentlich höhere Abschusszahlen bei ebenso wesentlich geringeren Verlusten als die russischen Verteidiger hatten. Lag der Grund dafür in der Überlegenheit der Technik oder der Einsatzgrundsätze?

Hauptmann Lange, Kommandant der 2./s. PzAbt 502 schrieb einen Bericht über die ersten Kämpfe an die Heeresgruppe Nord vom 29. Januar 1943. Auszüge:

„Auswertung:

Es muss unter allen Umständen durch strikten Befehl bei allen Kommandostellen erreicht werden, dass Tiger-Einheiten nie unter Kompaniestärke eingesetzt werden und Panzer VI und Panzer III nicht getrennt werden. Die Tiger müssen Rammbock im fortschreitenden Angriff und Prellbock im Schwerpunkt der Abwehr sein und bleiben. Aus diesem Grunde besteht die Gefahr, dass Tiger-Einheiten Aufgaben zugewiesen werden, die vorhandene normale Panzerkompanien ohne weiteres lösen können. Infolge dauernder Verlegung und dadurch starker Beanspruchung von Laufwerk und Motor sowie nicht gegebener Zeit zu technischem Dienst ergeben sich Schäden, so dass Tiger-Einheiten ausfallen, wenn sie gebraucht werden.

Wirkung durch Feindbeschuss

Beschuss durch PaK 7,62 ergab bei den Tigern der Kompanie in keinem Falle einen Durchschuss oder starke Beschädigungen. In einem Falle wurde durch Treffer an der oberen Kante der Stirnseite der Kommandantenkuppel dieselbe etwas angehoben, weil die Schweißnaht aufplatzte, außerdem sprangen die Kugelschrauben ab. Die russische Panzerbüchse erzielte Einschusslöcher bis zu 17 mm, gemessen an der Fahrerfrontplatte. Sie tritt sehr zahlreich auf, und ist durch starkes Mündungsfeuer zu erkennen. In einem Falle wurde ein Treffer schräg gegen den vorderen Sehschlitz der Kommandantenkuppel erzielt, bei der eine Ecke ausbrach – abprallte und dann den Kinonblock unbrauchbar machte. Bei direktem Treffer wahrscheinlich Durchschuss. Die Treffer der Panzerbüchse liegen meist in der Nähe der Sehschlitze. Ein Treffer auf das Mantelrohr der 8,8-cm-KWK, wahrscheinlich 45 mm PaK, ergab eine starke Einbuchtung im Mantelrohr und eine sehr schwache Beule im Seelenrohr. Da der Treffer von der Besatzung nicht an dieser Stelle vermutet wurde, wurde der Feuerkampf ohne Behinderung weitergeführt.

Infanterie geht im Schatten eines Tigers der s PzAbt 502 vor. Die im Hintergrund brennenden Häuser zeugen von der Härte der Kämpfe. Die Nähe der Soldaten zum Panzer ist verständlich, konnte aber gefährlich sein. Gerade die Tiger zogen das Feuer aller gegnerischen Waffen auf sich. (Anderson)

Feuerkampf:
Die günstigste Schussentfernung war 1.500 m, diese ergab bei gut justierten Waffen einwandfreie Treffer. Wirkung und Durchschlagsleistung der 8,8 bis jetzt bei allen Zielen einwandfrei … Das Verhältnis der Munitionsausstattung muss 1:1 Panzergranate und Sprenggranate sein … Die Schussbeobachtung für den Kommandanten ist ausreichend, für Richtschütze starke Behinderung durch Abschusswolke, auf jeden Fall ist Optikwischer erforderlich. Zurzeit Eigenkonstruktion im Versuch, hat sich gut bewährt.

Änderungswünsche:
Kommandant: die Kommandantenkuppel muss niedriger werden, die Sehschlitze müssen verstellbar sein. Der Turmdeckel muss, wie bereits früher beantragt, seitlich wegzudrehen sein.
Ladeschütze: Das MG ist zu nahe an der KwK, dadurch erschwerte Gurtzuführung. Am Ende viele Hemmungen, weil Abzugsgestänge leicht bricht … Munitionshalterung für 8,8 sehr ungünstig, besonders die unteren.
Fahrer: Sehschlitz klemmt leicht … Werkzeugkasten in das Fahrzeug bzw. in den Gepäckkasten, sonst dauernd Verlust.
Funker: Panzer schlecht entstört. Für Befehlswagen, auch Kompaniechef, ist Mittelwellengerät zweckmäßig, um stets direkt mit der Division in Verbindung zu sein.
Gliederung: die schwere Panzerabteilung mit zwei schweren Kompanien bildet eine sehr starke Kampfkraft. Eine Verstärkung durch eine dritte Kompanie (Tiger), wie sie teilweise angestrebt wird, wird für unzweckmäßig befunden. Die Massierung von Tigern an einer Stelle in diesem Maße ist zur Zeit nicht möglich. Die Folge ist eine Teilung der Abteilung und dementsprechend erhöhte Schwierigkeiten in der Versorgung. Weiterhin besteht die Gefahr, dass die Abteilung damit zu unbeweglich wird, sodass sie ihren eigentlichen Aufgaben nicht mehr gerecht werden kann …"

Einsatz der Tiger in Nordafrika

Als Reaktion der englischen Erfolge bei El-Alamein entschied die Operationsabteilung des OKH am 2. November 1942:
„… Die Entwicklung der Situation in Afrika verlangt dringend zusätzlichen Nachschub von modernen und entscheidenden Waffen. Beschleunigte Zufuhr einer Tigerkompanie (1./501) nach Afrika

Im November 1942 werden die ersten Tiger mit der italienischen Fähre Asprumante nach Nordafrika verschifft. Mit großer Vorsicht fährt dieser Tiger Ausf. E auf das Ladedeck. (Schneider)

wurde angeordnet. Die ersten Teile der Kompanie (6 Tiger) werden am 10. November verladen …"

Aufgrund der Landungen der Alliierten in Nordwestafrika am 8.11.1942 wurden diese Befehle widerrufen. Wegen ständiger Verzögerungen der Tiger-Produktion war die schwere Panzerabteilung 501 noch in der Aufstellung. Im September wurden der Einheit zwei, im Oktober acht Tiger sowie 25 PzKpfw III Ausf. N mit 7,5-cm-KwK L/24 zugeführt. Die noch fehlenden zehn Tiger erreichten die Abteilung im November. Am 23.11.1942 wurden in Bizerta die ersten drei Tiger der 1. Kompanie vom Schiff „Aspromante" entladen. Die fehlenden Tiger wurden einzeln durch Marine-Fährprahme verschifft. Die nächsten Tiger erreichten Tunis am 27. November, der Rest wurde nach Bizerta verschifft wie folgt: zwei Tiger am 1. Dezember, einer am 6. Dezember, einer am 13.12., vier am 25.12., fünf am 8.1, einer am 16.1., und die letzten beiden am 24.1.1943. Während der Transporte ging kein einziger Tiger verloren!

Die Kettenabdeckungen sind abgenommen worden und lagern auf dem Turmdach. Soldaten und Crewmitglieder blicken sorgenvoll auf den breiten Panzer, dessen Gefechtsketten nicht gegen schmale Transportketten ausgetauscht wurden. Zum Schutz der Fähre wurde ein 2-cm-FlaK-Vierling auf dem Deck montiert. (Schneider)

Die Stabskompanie hatte zwei Panzerbefehlswagen Tiger und fünf PzKfpw III (7,5 cm L/24), und jede schwere Kompanie war mit neun Tigern und zehn PzKpfw III (7,5 cm) ausgerüstet. Sobald die ersten Teile der Einheiten in Bizerta und Tunis verfügbar waren, wurden sie in schnell gebildeten Kampfgruppen zusammengefasst. Diese Kräfte sollten die britischen und amerikanischen Einheiten, die Tunesien von Westen nehmen sollten, abwehren. Der Kommandant der schweren Panzern Abteilung 501, Major Lueder, schrieb den folgenden Erfahrungsbericht am 16.12. 1942:

„Erfahrungsbericht:

… Die ersten Tiger der 1. Kp/schwere Panzer Abteilung 501 wurde am 21.11. in Reggio verladen. Der Abteilungsführer, Major Lueder, flog am 22. November nach Tunis und übernahm das Kommando einer Kampfgruppe bis zur Ankunft seiner Abteilung. Am 4.12. übernahm er die vorhandenen Teile seiner Abteilung, die bisher von Hauptmann Baron von Nolde geführt wurden. Bis zum 1.12. waren vier Tiger und vier PzKpfw III in Tunesien eingetroffen. Drei Tiger und vier PzKpfw III waren einsatzbereit. Ein Tiger fiel wegen Motorprobleme aus.

Nach einem kurzen Sicherungseinsatz wurden die Tiger zu einem Verfügungsraum 7 km östlich Djedeida, befohlen. Um 1 Uhr wurde Befehl zum Angriff gegeben, die Panzer fuhren sofort nach Djedeida um die feindlichen Panzerkräfte abzufangen. Gegen 3 Uhr erfolgte der erste Feindkontakt, 3 km nordwestlich von Djedeida befanden sich schwache feindliche Infanteriekräfte. Hier wurde die Kompanie durch schweres Artilleriefeuer von den Höhen nördlich Tebourba getroffen. Wiederholt griffen feindliche Tiefflieger an. Hauptmann Baron von Nolde fiel durch einen Artillerietreffer, als er in einen Tiger steigen wollte.

Der Angriff wurde fortgeführt gegen feindliche Panzer in den Olivenhainen 5 km westlich Djedeida. Der dichte Oliven-Bewuchs schränkte das Sichtfeld und den Feuerbereich der Panzer ein. Die feindlichen Panzer mussten auf kürzeste Entfernung bekämpft werden. Hauptmann Teichmann, der seine Panzer verließ, um einen besseren Überblick zu bekommen, fiel durch einen Bauchschuss.

Geschafft! Der Tiger ist auf dem Ladedeck der Fähre verstaut. Dieses Bild zeigt viele interessante Details, so die Werkzeughalterungen, den Staubschutzmantel über dem Bug-BG und den Zielstachel des Kommandanten über der Geschützblende. Beachtenswert sind auch die improvisierten Kettenabdeckungen. (Schneider)

Auf eine Entfernung von 80 bis 100 m wurden die Tiger durch General Lee Panzer beschossen. Die Treffer drangen in die Panzerung ein, durchschlugen diese aber nicht. Dies bestätigte, dass die Panzerung hervorragend war.

Zwei General Lee wurden auf eine Entfernung von 150 m abgeschossen. Weitere konnten durch 8,8-cm-FlaK bekämpft werden. Die verbliebenen Feindpanzer zogen sich zurück. In der Abenddämmerung fuhren die Tiger zum alten Stützpunkt zurück und Panzergrenadiere übernahmen die HKL. Ein Tiger fiel wegen Motorschadens aus und musste in den Olivenhainen bleiben. Ein PzKpfw III musste abgestellt werden, um den Tiger zu sichern.

Lehren:
Obwohl es nicht wünschenswert war, nur einige Tiger einzusetzen, war dies aufgrund der Feindsituation und der Schwäche unserer eigenen Kräfte nötig. Der Anmarschweg wurde durch weitreichende Feindartillerie erschwert, was nicht zu verhindern war. Es erwies sich als besonders schwierig, Panzer in den Olivenhainen im Einsatz zu führen, da die Baumkronen sowohl den Kommandanten als auch den Richtschützen in ihrer Beobachtung behindern. Angreifende Panzer können leicht durch eingegrabene PaK-Stellungen abgeschossen werden. Trotz dieser ungünstigen Bedingungen stieg das Vertrauen der Besatzungen in ihre Tiger aufgrund der Qualität der Panzerung.

Am 2.12.1942 waren ein Tiger und drei PzKpfw III einsatzbereit. Mit zwei weiteren PzKpfw III der Panzer Abteilung 190, und unterstützt von einer Infanteriekampfgruppe stieß die Einheit westlich von Djedeida vor ... In den Olivenhainen waren starke Verteidigungsstellungen eingegraben. Vier PaK, sechs leichte Panzer vom Typ General Stuart, zwei amerikanische Schützenpanzerwagen und einige LKW konnten zusammengeschossen werden. Wir verloren drei PzKpfw III, einer war ein Totalverlust. In der Abenddämmerung übernahm die Infanterie die Verteidigungslinie. Die Panzer wurden zurückgezogen, um Djedeida zu sichern.

Lehren:
Da Tebourba vollständig von Olivenhainen umgeben ist, konnte der Einsatz in dem dicht bewachsenen Gelände nicht umgangen werden. Eine enge Absprache zwischen den Tigern und den Begleitpanzern ist absolut nötig. Der Mangel an Nachrichtenmitteln war immer bemerkbar, besonders aufgrund der fehlenden Befehlspanzer und der sich daraus ergebenden schlechten Verbindung mit höheren Führungsstellen.“

Am 16.12.1942 waren noch sieben der acht verfügbaren Tiger einsatzbereit. Am Tag darauf schrieb Major Lueder den folgenden Bericht über die Wirksamkeit schwerer feindlicher Waffen und den Nutzen eigener schwerer Waffen:

„I. Feindwaffen:
A. Feindpanzer: Die 7,5-cm-Kanone des M3 General Lee konnte auf eine Distanz von 150 m die Panzerung des Tigers nicht durchschlagen. Die letzten 10 mm der seitlichen Panzerung hielt jedem Treffer stand. Die 3,7-cm-Kanone des M2 General Stuart ist außergewöhnlich zielsicher. Das Feuer wurde besonders auf die Fahrersichtblende, die Kommandantenkuppel, und den Schlitz zwischen Turm und Wanne gerichtet. In einem Fall verklemmte ein Granatsplitter den Turm, der Panzer war zeitweise außer Gefecht. Wir schlagen vor, einen Abweiser, ähnlich dem bei den PzKpfw II und III verwendeten, einzubauen.

Weitere Tiger der ersten Kompanie warten auf die Verladung. Hier wird Wagen 142 vorbereitet. Die schmalen Verladeketten sind bereits aufgezogen worden, die äußeren Laufrollen entfernt. (Anderson)

Der Panzer wird auf einen Marinefährprahm verladen. Diese Landungsschiffe, für die Operation „Seelöwe" entwickelt, waren vielseitig und leistungsfähig. (Anderson)

B. Feindliche Panzerabwehrkanonen: Auf Entfernungen zwischen 600 und 800 m durchschlug sowohl die 3,7 cm als auch die 4 cm Panzerabwehrkanone Front und Seite der Wanne des PzKpfw III. Im Falle des Tigers können sie nur Laufräder und Ketten beschädigen, was in keinem Falle zum Ausfall des Panzers führte. In einem Fall beschädigte eine 7,5 cm PaK auf Sfl das rechte Seitenvorgelege. Der Tiger war zeitweise außer Gefecht, da die Schweißnaht aufriss.

C. Feindartillerie: Bis zu diesem Zeitpunkt wurden durch Granatsplitter nur kleinere Schäden an den Laufrollen beobachtet. Die meisten Treffer lagen im Bereich des Laufwerkes und beschädigten Laufrollen, Gummibeläge, Kettenglieder und Kettenbolzen. Ein Verklemmen des Schachtellaufwerks trat nicht auf, kein Tiger wurde bewegungsunfähig.

II. Unsere Waffen:
A. Die 8,8-cm-KwK schießt sehr genau. Bis zu diesem Zeitpunkt haben die Tiger nur auf den M3 General Lee auf Entfernungen von 100 bis 150 Metern geschossen. Die Front, und Seitenpanzerungen wurden klar durchschossen. Der M2 General Stuart wurde auf alle Entfernungen durch-

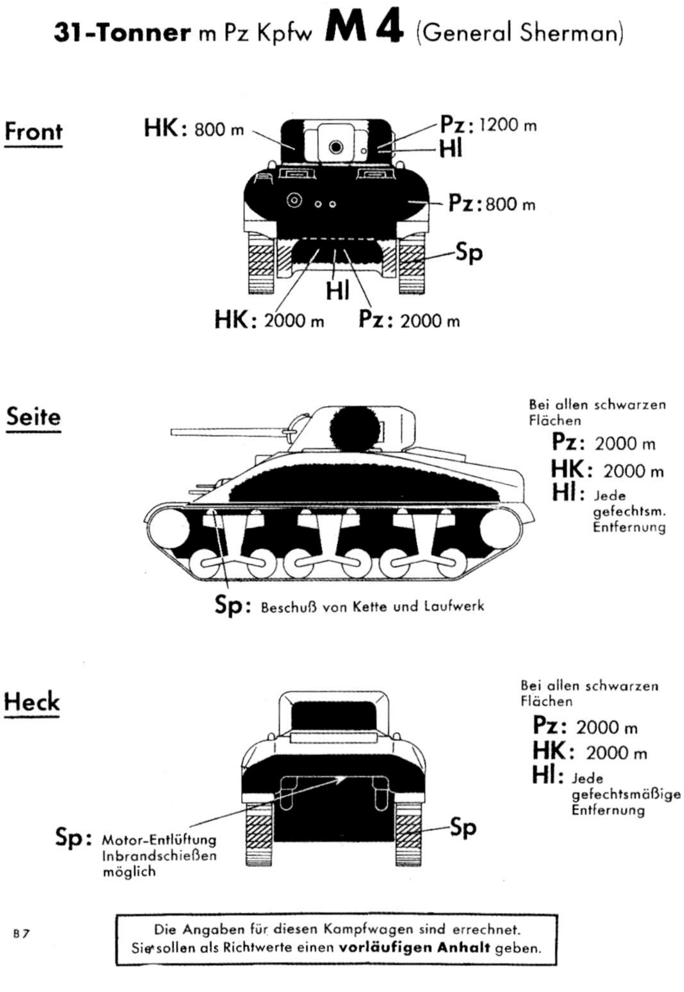

Die Panzerbeschusstafel für die 8,8-cm-KwK 36 zeigte Anhaltswerte zur Bekämpfung feindlicher Panzer. Hier wird der mittlere amerikanische Panzer M4 General Sherman dargestellt. Die schwarzen Flächen zeigen die günstigsten Treffpunkte. (Anderson)

Nach einigen Tagen zeigten die Tiger der ersten Kompanie erste Beschädigungen. So fehlen die Fahrscheinwerfer, und an der Geschützblende ist ein Abpraller erkennbar. Die großen Fahrzeuge zogen die Aufmerksamkeit der Einheimischen auf sich. (Schneider)

schossen. Wir sollten anstreben, die Tiger nur mit Panzerkopfgranaten mit Leuchtspur auszustatten, um jeden Schuss besser beobachten zu können. Eine Feindbatterie wurde auf eine Entfernung von 7600 m bekämpft, die Batterie wurde nach sechs Schüssen ausgeschaltet. Es wird vorgeschlagen, die Tigerkompanie mit einem Feldfunksprecher f auszuzustatten, damit vorgeschobene Beobachter das Feuer lenken können.

B. Die 7,5-cm-KwK (kurz) hat sich beim Bekämpfen von Flächenzielen mit Sprenggranaten als sehr erfolgreich erwiesen. Die Wirksamkeit der Hohlgranate konnte noch nicht getestet werden, da bisher nur die Tiger gegen Feindpanzer eingesetzt wurden."

Diese Berichte zeigen, dass die Tiger in Nordafrika über eine sehr große Frontbreite eingesetzt wurden (teilweise mehr als 200 km). Dies entsprach keinesfalls den taktischen Grund-

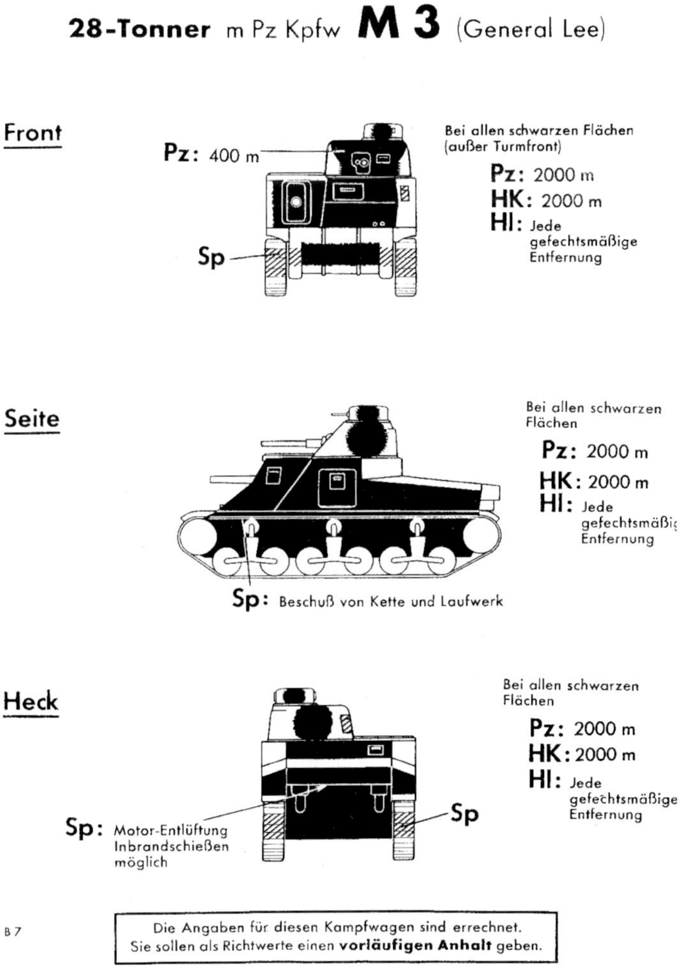

Der M-3 General Lee hatte eine 7,5-cm-Kanone mit begrenztem Seitenrichtfeld in der Wanne und eine 3,7-cm-Kanone in einem kleinen Drehturm. Auch dieser Panzer konnte dem Tiger kaum gefährlich werden. (Kadari)

Die Alliierten setzten oft Minen ein, um Geländeabschnitte zu verstärken. Hier hat es einen Tiger erwischt, dessen Fahrwerk auf beiden Seiten schwer beschädigt wurde. An Wannen- und Aufbaufront sind Treffer sichtbar, die nicht durchschlugen. Die Werkstatt wird den Tiger in vertretbarer Zeit wieder in den Einsatz bringen. (Münch)

sätzen, nach denen schwere Panzer nur konzentriert und möglichst in Kompaniestärke angreifen sollten. Die geringe Zahl vorhandener Tiger relativierte den taktischen Nutzen vor Ort. Die Panzer mussten große Fahrtstrecken zurücklegen. Das führte zu einer entsprechenden Beanspruchung von Motor, Getriebe und Laufwerk. Ein Großteil der Fahrzeuge war regelmäßig in der Instandsetzung, was sich natürlich auf die Einsatzbereitschaft der Abteilung auswirkte.

Am 16.2.1943 berichtete Major Lueder von den letzten Kämpfen in Nordamerika, hier Auszüge:

„... Eingliederung von Tiger-Abteilung in PzRgt:
In einem Tigerverband gehören grundsätzlich leichte PzKpfw organisch eingegliedert. Ein reiner Tigerverband ist nicht lebensfähig. Er braucht ständig leichte PzKpfw zur Verbindung, Aufklärung und dergleichen ... Der Eingliederung in eine PzDiv wird zugestimmt, auch Eingliederung in das entsprechende PzRgt erscheint möglich, jedoch keine Trennung von den Begleitpanzern ... "

Über die Frage der Begleitpanzer in den schweren Panzerabteilungen wurde in den nächsten Monaten entschieden. Bei Neuaufstellungen nach Mai 1943 sollten keine leichten Panzer mehr zugewiesen werden. Major Lueder weiter:

„Panzerbekämpfung auf weite Entfernungen:
Der alte Unterschied zwischen dem Gegner und uns: er schießt lieber, wir greifen lieber an. Wenn 15 Feindpanzer anrollen, auf 2.000 m oder mehr zur Feuerfront auffahren und aus einigermaßen geschickten Stellungen feuern, ist das eine unangenehme Sache. Es ist dasselbe, als wenn 4 Batterien uns direkt aus 15 Rohren beschießen, nur mit dem Nachteil, dass Panzer eben schwerer zu bekämpfen sind als Kanonen. Mit seinem fabelhaften Geschossmaterial kann der Gegner sogar auch mal mit Vollgeschossen Abschüsse erziehen. Was machen wir in solchem Falle? Drauf losfahren geht nicht, also Flankenheinrich (Angriff über die Flanken, der Verf.). Aber da spielt oft das Gelände nicht mit ...

Mit unserer 7,5 lang oder 8,8 können wir genau das gleiche machen und die gleiche Wirkung beim Gegner erzielen. Wenn wir besagte 15 Feindpanzer mit 10 Rohren 7,5 lang und 8,8 beschließen, so bin ich überzeugt, dass der andere eher weich wird als wir. Aber wir tun das nicht, weil uns das zu blöde vorkommt und wir Munition sparen müssen.

Die Tiger der frühen Fertigung hatten ein aufwendiges Luftfilter-System, äußerst wichtig in subtropischen Gebieten wie Nordafrika oder Südrussland. Wieder ist der Panzer gegen Aufklärung aus der Luft getarnt. (PK-Foto)

Wenn die Artillerie auf 4.000 m mit großkalibriger Sprengmunition hinhauen will, so wird sie die Panzer zwar nicht vernichten - von Zufällen abgesehen -aber bei entsprechendem Munitionseinsatz vertreiben. Aber das ist alles Theorie, ich kenne keine eigene Artillerie, die genügend Munition hat - nur die feindliche hat!"

Die Aussagen des Major Lueder belegen, dass er von der technischen und taktischen Überlegenheit seiner Einheit überzeugt war. Lueder musste jedoch einräumen, dass erfolgreiche Vorstöße aufgrund der schwierigen Versorgungslage nicht mehr möglich waren.

Mit Händen und Füßen scheint dieser Panzersoldat den einheimischen Bauern auszufragen. Der Turm des Tigers im Hintergrund ist auf 9 Uhr geschwenkt, das Rohr ist mit einem Tarnnetz gegen Feindbeobachtung getarnt. (Schneider)

Tiger im Osten, das Jahr 1943

Am 31.8.1943 meldete Major Gomille, der Kommandant der II./PzRgt Großdeutschland, über Erfahrungen mit seinen Tigern:

„14.8.1943

Abteilungsgefechtstand Wald 2 km südostwärts Jassenenowoje (10 km westlich Achtyrka). Gegen Mittag Eintreffen der Marschgruppen der letzten Transporte beim AbtGefStand.

Ausladebahnhof: Nishnij Ssirowatka
Marschentfernung zum AbtGefStand: 110 km
Allgemeiner Zustand der Abteilung:
Vorhanden:
Stab: 3 Tiger-Befehlswagen
10. Kp: voll (1 Tiger noch in Deutschland).
11. Kp: 4 Tiger und Großteil des Instandsetzungsgruppengeräts auf Transport ausgebrannt.
9. Kp: keine einsatzbereiten Tiger.

Fehl: gesamte StabsKp und Werkstattkp (ohne 1. Zug), sämtliche Radfahrzeuge des Stabes.

Am Abend des 14.8.43 waren einsatzbereit:
3 Tiger Befehlswagen
13 Tiger der 10. und 11. Kp.
----
16 Tiger.

Zehn Tiger waren auf dem Marsch von Nishnij Ssirowatka zum AbtGefStand mit größeren und kleineren Schäden ausgefallen. Schon hier zeigten sich die ersten größeren Auswirkungen, dass die Abteilung ohne jegliche Versorgung, Inst-Dienste, Berge-Zug und Ersatzteile zum Einsatz gehen musste. In den dann folgenden Einsatztagen wirkte sich das Fehlen der für jeden Panzerverband lebensnotwendigen Versorgung, vor allem der Inst-Dienste, immer stärker und kritischer aus.

15.8.43:

0400 Uhr Kommandeursbesprechung Südwestausgang Jassenowoje. Der Ia der Division, Oberst von Natzmer, führt eine Kampfgruppe bestehend aus:
Panzer-Rgt GD (TigerAbt, I. Abt., 1 Panther-Kp), AufklAbt (mot) und II. Sf/ArtRgt GD, die den Auftrag hat, über Grun, Budy auf Belsk vorzustoßen und den eingedrungen Feind zu vernichten ...

Die Abteilung stößt beiderseits der Straße auf Grun vor. Etwa einen Kilometer nördlich Grun erhält die Abteilung von dem Höhenzug ostwärts des Nordrandes der Ortschaft heftiges PaK-Feuer. Die Feind-PaK werden nach kurzem Kampf vernichtet. Kurz darauf läuft der Spitzentiger unmittelbar am

Zwei Tiger der 1. s PzAbt 501 in gebirgigem Gelände. Der hintere Wagen, taktische Nummer 131, sieht ziemlich mitgenommen aus. Ein äußeres Laufrad fehlt, die Kettenabdeckungen sind vermutlich infolge eines Minenschadens großflächig beschädigt. Auffällig ist das verschmutzte Laufwerk. Das Gelände zwang die schweren Tiger dazu, feste Wege zu benutzen. (Schneider)

Die Ausbildung der Tiger-Besatzungen fand in Paderborn statt, in der Nähe des Herstellers Henschel in Kassel. Die Ersatz- und Ausbildungsabteilung 500 hatte einige Tiger, die aufgrund der allgemeinen Betriebsstoffknappheit auf Gasantrieb umgestellt waren. (Anderson)

Ostrand auf Minen, wird aber nur leicht beschädigt. Die Abteilung erhält dann den Befehl, zunächst entlang des Ortsrandes von Grun anzugreifen. Die Abteilung dreht nun nach links ein und gewinnt die vor ihr liegende Höhe. Von hier aus sind zwei tiefe, sehr schwer zu befahrende quer zur Angriffsrichtung verlaufende Schluchten zu überwinden. Zu diesem Zweck wird die Masse der 10. Kp als Feuerschutz eingeteilt, während 11. Kp sofort weiter vorstößt. Beim Durchfahren der beiden Schluchten erhält die Abteilung wütendes Feuer zahlreicher, hervorragend getarnter schwerer PaK und mehrerer T-34 Sturmgeschütze aus der rechten Flanke vom Ortsrand her. Erst nach längerem Feuergefecht ist dieser Feind restlos niedergekämpft. Hierbei wurde Hptm von Villebois, Chef 10. Kp, schwer verwundet. (Acht Treffer durch 12,2 cm Granaten von T-34 Sturmgeschützen, davon sechs Treffer im Turm, ein Durchschuss in die Wanne. Von den sechs Turmtreffern haben drei nur kleinere Ausbeulungen zur Folge, während bei zwei Treffern sich kleinere Absplitterungen und bei einem dritten starke Ausbrüche der Turmpanzerung in Größe von zwei Handflächen ergaben, die in den Kampfraum flogen. Durch die Treffer war weiterhin die gesamte elektrische Abfeuerung unbrauchbar und mehrere Schutzglasblöcke zerstört bzw. aus ihrer schwachen Halterung herausgebrochen worden. Die Wanne war an der Durchschussstelle in etwa 50 cm Ausdehnung von der Schweißnaht abgeplatzt und sehr stark verzogen, sodass eine Instandsetzung in der Truppenwerkstatt nicht mehr möglich war).

Nach Erreichen des Friedhofes dreht die Abteilung nach rechts ein, dringt in den Ort ein, vernichtet nach kurzem Kampf zwei T-34 Sturmgeschütze und stößt ohne nennenswerten Feindwiderstand bis zum Südrand von Grun vor.

Die Abteilung hatte jetzt noch sechs einsatzbereite Tiger, davon zwei Befehlswagen, (fünf Wagen durch Beschuss ausgefallen, einer durch Minen, die anderen durch technische Schäden). Die Abteilung greift, weiterhin an der Spitze fahrend, zunächst in südostwärtiger Richtung an. Der Nordrand von Budy wird von russischer PaK und FlaK zäh verteidigt. Ohne eigene Ausfälle wird der

Hier steht ein weiterer Tiger der Ers u. AusbAbt 500 auf dem Schießplatz in Paderborn, ein späteres Baulos der Ausf. E, erkennbar an der flachen gegossenen Kommandantenkuppel. Deutlich erkennbar sind die vier großen Gasflaschen, die auf dem Motordeck angebracht wurden. (Münch)

Feind vernichtet. Nach Auftanken und Aufmunitionieren tritt die Abteilung, weiterhin an der Spitze fahrend, mit noch drei kampffähigen Tigern um 19 Uhr in Belsk an. Gegen 1 Uhr wird nach Vernichtung weiterer PaK und Beseitigung einer Minensperre die Ortsmitte von Belsk ohne weitere eigene Verluste erreicht. Der Panzerangriff wurde durch die II.Sf/ArtRgt GD hervorragend unterstützt.

Ausfälle:
Personal: Ein Mann gefallen, ein Offizier schwer verwundet, drei Offiziere leicht verwundet, ein Unteroffizier und zwei Mann verwundet.

Material:
Sechs Tiger durch Feindeinwirkung beschädigt (fünf durch Beschuss, einer durch Minen), sieben Tiger durch technische Schäden (Motor, Getriebe, KwK).

Erfolge:
21 PaK, FlaK und Geschütze, acht Panzer und Sturmgeschütze, ein Panzerspähwagen

18.8.43:
Die Division soll von Achtyrka über Kaplinowka und Parchomowka nach Südwesten vorstoßen, um mit den südlich der Merla angetretenen SS-Ver-

Der Kommandant in seiner Beobachtungskuppel. Fünf Sehschlitze gaben ihm eine gute Rundumsicht unter Panzerschutz. Die Panzerung der Kuppel widerstand Feuer aus Panzerbüchsen und mittlerer PaK. Auf dem Motordeck hat sich eine Gruppe Infanteristen versammelt: Besser schlecht gefahren als gut gelaufen. (Anderson)

Vor dem Einsatz! Ein Tiger der s PzAbt 503 wird im Sommer 1943 für die kommenden Kämpfe vorbereitet. Über der Fahrersichtblende ist ein schwerer Treffer erkennbar, der jedoch nicht durchschlug. Die schweren Abschleppseile sind in den vorderen Schäkeln befestigt, um im Notfall sofort griffbereit zu sein. Bis zu dem Einsatz bei Kursk waren die Nebelwurfkörper am Turm der meisten Tiger noch vorhanden. Dieses Fahrzeug zeigt noch weitere sechs, die auf dem Wannendach montiert waren. (Kadari)

bänden Verbindung aufzunehmen. Rechts von GD sind Teile der 10. PzGrenDiv, links Teile der 7. PzDiv zum Flankenschutz eingeteilt. Der Abteilungskommandeur erkundet am Vortage persönlich Bereitstellungsraum und Angriffsgelände, das durch seine großwellige Form für einen Panzerangriff sehr günstig ist. Die der Abteilung unterstellte FklKp 311 (Funklenkkompanie, der Verf.) ist von der Division an anderer Stelle für eine notwendige Sicherungsaufgabe eingesetzt. Mit Minen wird zunächst im ersten Teil des Angriffsgeländes nicht gerechnet, da der Feind an den Vortagen laufend neue Kräfte herangeführt und fast ununterbrochen mit Panzern und Infanterie angegriffen hatte …

… Die Tiger-Abteilung hat Befehl, als erstes Treffen in breiter Front zunächst rechts der Straße Achtyrka-Michailowka fahrend die erste Russenstellung zu durchbrechen und möglichst schnell

Die Panzer der s PzAbt 503 waren aufgrund vieler individueller Erkennungsmerkmale leicht zu identifizieren. So waren die Türme mit improvisierten Gepäckkästen versehen. Die Hoheitsabzeichen waren ungewöhnlich groß, und zum Teil auch an den Turmseiten aufgetragen. Auch dieser Tiger trägt die Spuren vergangener Kämpfe. So wurden die am Bug angebrachten Ersatzkettenglieder durch einen Treffer abgerissen. (Münch)

Vorschriftsmäßig auf einem SSyms Tiefladewaggon verladen, wartet dieser Tiger des Panzerregiments Großdeutschland auf den Abtransport. Der Wagen scheint fabrikneu zu sein, die schmalen Verladeketten sind gut erkennbar. (Clark)

das wichtige Höhengelände bei 171,1 zu gewinnen. I. Abteilung hat Auftrag, rechte und linke Flanke der Tiger-Abteilung abzuschirmen, während die Panther Befehl haben, aus günstigen überhöhten Feuerstellungen in dem großwelligen Gelände den Tigern Feuerschutz zu geben …

… Um 0830 Uhr tritt das Panzerregiment in eben genannter Gliederung selbst zum Angriff an. Nach Verlassen der Stadt Achtyrka erhält die Abteilung vom West- und Südwestrand Bolchoj-Osero PaKfeuer. Beim Instellunggehen laufen gleichzeitig acht Tiger auf Minen. Es handelt sich hierbei ausschließlich um deutsche Holzkastenminen, unter die der Feind zum Teil ein bis zwei schwere Granaten (anscheinend 21 cm) zur Erhöhung der Sprengwirkung gelegt hat. Das Minenfeld war so dicht, dass die Panzer meist auf drei bis vier Minen gleichzeitig fuhren. Während die einfachen Holzkastenminen zum Teil nur unwesentlichen Schaden verursachten, hatten die durch Granaten verstärkten Minen starke Beschädigungen zur Folge. Fünf Tiger wiesen nur leichtere Schäden auf, während drei mit größeren Zerstörungen des Laufwerkes liegenblieben. Aufgrund der Minenschäden kam die Abteilung in diesen Tagen nicht mehr weiter zum Einsatz.

Ausfälle:
Personal:
Ein Unteroffizier verwundet (Bombensplitter).
Material:
Acht Tiger durch Minen.

Erfolge:
Fünf PaK.

Einsatzbereit:
Am Abend vier Tiger.

19.8.43
Die vier einsatzbereiten Tiger der Abteilung treten unter Führung des Oberleutnant Arnold zum Regiment. Bei dem Angriff auf Parchomowka werden diese vier Tiger vorn links eingegliedert. Im Kampf gegen eine starke russische PaKfront wird ein Tiger durch T-34 Sturmgeschütz abgeschossen.

Den Turm auf 3 Uhr geschwenkt, vertreibt sich die Besatzung dieses Tigers die Zeit im Frühsommer 1943. Der Panzer gehörte der s PzAbt 503 an. Sämtliche Kettenabdeckungen scheinen durch Kampfhandlungen verloren gegangen zu sein. Auch dieser Tiger trägt keinen serienmäßigen Gepäckkasten. Die Besatzung behalf sich mit dem Gepäckkasten eines PzKpfw III. (Münch)

(Glatter Durchschuss Panzerkastenoberteil, linke Seite in Höhe des Fahrers). Nach Vernichten dieser starken PaKstellung wurde der Angriff auf Parchomowka selbst vorgetragen, wo der Feind vor allem den Ortsrand wieder besonders zäh mit PaK und Panzern (T-34 und KW-1) verteidigte.

Ausfälle:
Personal:
Drei Mann gefallen, ein Mann verwundet
Material:
Ein Tiger schwer beschädigt, (Durchschuss Panzerkastenoberteil), zwei Tiger Beschädigungen der KwK.

Erfolge:
Zwölf Panzer, zwölf schwere PaK, sechs leichte PaK.

Einsatzbereit:
Am Abend fünf Tiger.

23.8.43

Der Abteilungskommandeur übernimmt in diesen Tagen die im Abschnitt des GrenRgt eingesetzte Panzergruppe (zwei Tiger, neun Panther, drei Panzer IV lg, drei Panzer IV k, drei Panzer III lg, drei Flammenwerfer und Befehlswagen); diese Panzer stellen zugleich die Masse der noch einsatzbereiten Panzer des Regiments dar. Der Einsatz beschränkte sich in der Hauptsache auf die Abwehr mehrerer Feindpanzerangriffe.

Ausfälle:
Material:
Ein Tiger durch Beschuss (Kanonenschaden)

Erfolge:
25 Panzer, sieben Geschütze …

Zusammenfassung:

… Mit Ausnahme des ersten und zweiten Einsatztages waren an allen Gefechtstagen im Allgemeinen nur zwei bis drei Tiger einsatzbereit. Auch am ersten Tage hatte sich die Gefechtskraft aufgrund der starken Abwehr sehr schnell auf sechs und schließlich auf drei Tiger verringert. Insgesamt wurden von diesen wenigen Tigern an acht Gefechtstagen vernichtet:
54 PaK, FlaK und Geschütze,
42 Panzer und Sturmgeschütze,
Ein Panzerspähwagen,
zahlreiche (nicht gezählte) Panzerbüchsen und zahlreiche Infanterie …

Tiger 123 der s PzAbt 503 wird mit neuer Munition versorgt. Auch dieser Panzer zeigt viele Trefferspuren, allein an der Turmseite sind zwei erkennbar. Der Hitzeschutz der Auspufftöpfe fehlt, vermutlich gingen die Bleche im Einsatz verloren. (Münch)

Grenadiere versammeln sich im Sommer 1943 hinter einem Tiger der s PzAbt 503. Das Schachtellaufwerk des Tigers ist gut erkennbar, wie auch das aufwendige Vorschaltluftfilter-System am Heck. Der Gepäckkasten am Turm fehlt. Gut erkennbar ist einer der sechs am Wannendach angebrachten Nebelwurfkörper. (Münch)

Dieser Tiger der SS Division „Das Reich" zeigt das während des Unternehmens Zitadelle verwendete Kennzeichen. Mit spärlichen Mitteln wurde versucht, den Panzer zu tarnen.
(Anderson)

Die Besatzung dieses Tigers der s PzAbt 505 gibt sich alle Mühe, ihren Panzer gut zu tarnen. In der deckungslosen Ebene Russlands können immer feindliche Luftschläge drohen. Im Schatten eines Bauernhauses wartet der Panzer auf den nächsten Einsatz. Die Tiger dieser Abteilung können leicht identifiziert werden, die meisten trugen Holzbalken an der Wanne. (Anderson)

Links: Jäger und Gejagter! Ein Tiger Ausf. E der s PzAbt 502 ist hinter einem total zerstörten KW-1s in Deckung gefahren und hält nach weiteren Gegnern Ausschau. In dem von Granaten zerfurchten Gelände kauern sich Grenadiere in jedes verfügbare Loch. Der schwere russische Panzer hatte ein hohes Schutzniveau, war jedoch immer noch mit einer 7,62-cm-Kanone ausgerüstet. (Ullstein 00154836)

Die geringe Gefechtskraft der Abteilung (von der praktisch nur zwei Kompanien gezählt werden können) ist fast ausschließlich auf das Fehlen der Instandsetzungsstaffeln und der Werkstattkompanie mit den dazugehörenden Ersatzteilen zurückzuführen. Der Werkstattzug, so wie die InstGruppen der Kompanien haben sehr gut ausgebildetes Fachpersonal, das in unermüdlicher, aufopfernder Tag- und Nachtarbeit … immer wieder die Tiger instandsetzte. Durch die geringe Zahl der ins Gefecht gehenden Tiger war der Verschleiß und Ausfall durch Beschuss sehr hoch, sodass im Allgemeinen durch den Nachschub … gerade immer die Gefechtsstärke von 2 bis 3 Tigern gehalten werden konnte. Ganz besondere Schwierigkeiten bereitete das Bergen ausgefallener Tiger wegen des Fehlens des eigenen Berge-Zuges. Die beim Werkstatt-Zug vorhandenen drei Zugmaschinen konnten unmöglich die hohen Ausfälle bewältigen. Es war nötig, während der gesamten Zeit einen Berge-Zug der Armee einzusetzen."

Major Gomilles Bericht (hier nur in Auszügen wiedergegeben) ist sehr genau, die Zahlenangaben lassen eine Bewertung zu. Seine Abteilung, nominell mit 45 Tigern bestückt, war auf eine Handvoll einsatzbereiter Panzer zusammengeschmolzen. Konsequent eingesetzt, und unterstützt durch eine kleine Kampfgruppe, waren die Tiger in der Lage, mehrfach überlegene russische Panzerkräfte erfolgreich zu bekämpfen. Die Tiger wurden unter Ausnutzung ihrer Panzerung und Bewaffnung lehrbuchmäßig als Rammbock eingesetzt. Panzer IV und Panther wurden zur Flankensicherung eingesetzt. Die Verluste auf der Seite des Gegners waren groß, nach acht Tagen hatte die Abteilung 54 Geschütze sowie 42 Panzer

Diese Soldaten haben eine kleine Leiter organisiert, um ihren Tiger mit Munition zu versorgen. Die Besatzung versuchte, ihren Panzer mit Stroh gegen Beobachtung aus der Luft zu tarnen. Der Panzer mit der Turmnummer „313" gehörte vermutlich der Abteilung 502 an. (Anderson)

Zwei Tiger der Abteilung 505 treffen sich im Einsatz. Der linke ist ein früheres Modell, erkennbar an der zylindrischen Kommandantenkuppel. Der rechte mit der Nummer „101" zeigt bereits die gegossene flache Kuppel, aber immer noch Vorschaltfilter und Nebelwurfkörper. (Anderson)

und Sturmgeschütze vernichtet. Die Tatsache, dass sowohl die Tiger-Abteilung als auch das restliche Panzerregiment nur noch über wenige Panzer verfügte, zeigt deutlich die Nachschubprobleme auf deutscher Seite. Ohne die eigenen Instandsetzungsdienste und den Berge-Zug war es nicht möglich, die Abteilung mit mehr als 2 bis 3 Tigern einzusetzen.

Mit den verbliebenen Kräften wurden Kampfgruppen gebildet, die von Auftrag zu Auftrag neu zusammengestellt wurden. Die Verluste des Gegners müssen fürchterlich gewesen sein, neben dem zerstörten Material waren Hunderte Tote zu beklagen.

Während der Offensive im Kursker Bogen im Sommer 1943 wurden viele Tiger der Abteilung 505 in Stacheldraht gepackt, um feindliche Panzerbekämpfungtrupps abzuwehren. Links und rechts vom Fahrer schlugen zwei schwere Treffer in die Aufbaufront, die jedoch wirkungslos abprallten. (Hoppe)

Das Jahr 1944

Nach dem Desaster bei Stalingrad und dem Scheitern der Operation Zitadelle im Sommer 1943 hatte die deutsche Wehrmacht endgültig die strategische Initiative verloren. Angriffsoperationen im großem Maßstab waren nicht mehr möglich, im Osten waren die dünnen deutschen Linien mit der Abwehr der zahlenmäßig überlegenen russischen Streitkräfte

Dies ist ein Tiger der 1. SS-PzGrenDiv „LSSAH". Obgleich schwer auszumachen, scheint der Panzer mit dunkelgrünen oder braunen Streifen auf dunkelgelbem Grund getarnt zu sein. Bei diesem Panzer wurden die Nebelwurfkörper am Turm bereits entfernt. (NARA)

Für den Fotografen der Propagandakompanie scheint sich dieser Tiger in dem von tiefen Einschnitten durchzogenen Gelände an den Gegner heranzupirschen. Der Kommandant beobachtet vorsichtig aus seiner Beobachtungskuppel. Ob an Flankensicherung gedacht wurde? (NARA)

überfordert. Das Jahr 1944 brachte weitere Materialschlachten, die im Sommer mit der Operation Bagration einen vorläufigen Höhepunkt erreichen sollten. Im Verlauf dieses Großangriffs sollte die gesamte Heeresgruppe Mitte zusammenbrechen.

Die Überlegenheit des schweren Panzers Tiger Ausf. E wurde durch verschiedene Faktoren in Frage gestellt.

1. Sowjetrussland war in der Lage, die Produktion von Panzern und anderen Waffen kontinuierlich zu erhöhen. So konnten die enormen Verluste der Roten Armee immer ausgeglichen werden. Die Größe des Landes und seiner Bevölkerung machte auch einen ständigen Nachschub von Soldaten möglich.
2. Die russische Führung investierte große Ressourcen, um technologisch aufzuholen. Vorhandene Waffensysteme wurden modernisiert, neue entwickelt und eingeführt.
3. Die Rote Armee hatte sich in der Zwischenzeit von den Säuberungen Stalins erholt, das nachwachsende Offizierskorps war tapfer, kampferprobt und leistungsbereit. Die Wirksamkeit der deutschen Kampftaktik wurde anerkannt und seit Jahren analysiert, die Truppen an der Front stellten sich immer besser darauf ein.

Die zusammengeschmolzenen deutschen Verbände im Osten waren gezwungen, die anstürmende Rote Armee in ständigen Gegenangriffen aufzuhalten. Deren taktische und technische Überlegenheit konnte den russischen Vormarsch jedoch nur verzögern. In fortlaufenden Rückzügen konnten noch Schlachten gewonnen werden, raumgreifende Offensiven waren nicht mehr möglich. Die deutsche Propaganda, die die Bevölkerung längst auf den totalen Krieg eingeschworen hatte, meldete unentwegt Erfolge. An der Heimatfront hieß es: „Wir siegen uns zu Tode …"

Dazu passt ein Erfahrungsbericht der Tiger-Abteilung 506 vom 15.1.1944. Der Kommandeur berichtet:

„Erfahrungsbericht Tiger-Abteilung 506

Die Abteilung hat in der Zeit vom 20.9.1943 bis 10.1.1944 213 Panzer und 194 PaK bzw. Geschüt-

Auch die 8,8-cm-KwK 36 musste sorgfältig gepflegt werden. Durch Reinigen des Rohres mit dem Rohrwischer wurden Pulverrückstände und andere Fremdkörper entfernt. (NARA)

Im Instandsetzungsstützpunkt. Die Größe und das Gewicht der Tiger erforderten schweres Hebegeschirr, im Hintergrund ist der Portalkran der Einheit (Leibstandarte) sichtbar. Die Stationierung der wenig beweglichen Werkstattteile musste gut durchdacht werden, die Entfernung von den kämpfenden Teilen der Einheit durfte weder zu weit noch zu nah sein. Die Luftfilter-Anlage dieses Tigers ist gut sichtbar. (NARA)

ze vernichtet. Die Abteilung kämpfte im Rahmen folgender Divisionen:
9. Panzerdivision
123. Infanteriedivision
16. Panzergrenadierdivision
23. Panzerdivision
11. Panzerdivision
13. Panzerdivision
17. Panzerdivision.

Alle Divisionen wurden während der Unterstellungszeit der Abteilung, die in fast allen Fällen die Masse der Panzer stellte, im Wehrmachtbericht genannt.

Verluste:
Offiziere: 6 gefallen, 4 verwundet,
Uffz und Mannsch.: 21 gefallen, 47 verwundet
Drei Ritterkreuzträger der Abteilung sind in den Kämpfen gefallen.

I. Eigene Kampfführung:
In den Kämpfen nördlich Kriwoi-Rog wurden die Tiger zusammen mit Panzern der 23. Panzerdivision in der Hauptsache zu kleinen Einsatzgruppen kurz hinter der vordersten Linie als „Korsettstange" bereitgestellt.

Grund: zu schwache, völlig zermürbte Grenadierkräfte … Angriff gegen Ortschaften und Waldstücke und in unübersichtlichem Gelände ohne enge, ausreichende Infanterieunterstützung führen zu keinem Erfolg, besonders bei Nacht. Die Unbeweglichkeit des Tigers in der Nahverteidigung ist bekannt … Abgesehen von den Angriffs- und Abwehraufgaben werden die Tiger zwischendurch zur Sicherung eingesetzt. Bei diesem Dauereinsatz, der sich z.B. über zwölf Tage erstreckte, kommt die Pflege und Instandsetzung des Tigers zu kurz und die Ausfälle sind dementsprechend hoch. Die Abteilung ging am 2.1.44 mit 13 Panzern in den Einsatz. Am 14.1.44 abends war kein

„A23", ein Tiger Ausf. E der 9. Kp/III./Panzerregiment Großdeutschland im Spätherbst 1943. Der Panzer hat die schweren Kämpfe während der Operation Zitadelle überstanden. Die Nebelwurfkörper am Turm wurden entfernt, da sie bei Beschuss unkontrolliert zündeten. Die Besatzung schwenkt ein Fliegersichttuch, um sich eigenen Flugzeugen zu erkennen zu geben. (Doyle)

Das hohe Gewicht der PzKpfw Tiger Ausf. E konnte sich unangenehm bemerkbar machen. Beim Versuch, eine Holzbrücke zu überqueren, ist dieser Tiger der s PzAbt 505 eingebrochen. Mithilfe eines weiteren Tigers wird er nun frei gezogen. Beide Tiger zeigen die späte, gegossene Kommandantenkuppel. Die Luftfilteranlage am Heck ist noch montiert.
(Kadari)

Tiger mehr einsatzbereit. Die letzten 2 Tiger waren eine Strecke von ca. 340 km gefahren. Die Masse hielt 250 km durch (ohne Zeit für technischen Dienst). Unsere Auffassung bleibt weiter wie bereits vor einem Jahr, das die Tiger Rammbock im Angriff und Prellbock am Schwerpunkt der Abwehr sind, um im entscheidenden Augenblick dem Truppenführer in genügender Anzahl zur Verfügung zu stehen. Dies kann aber nur eintreten, wenn zwischen den Hauptkampftagen Zeit zur Überholung und Pflege gegeben ist, nicht aber beim Dauereinsatz als fahrender Bunker. Infolge der geringen Kampfstärke der 17. Panzerdivision, die sich allein den überlegenen russischen Kräften gegenüber sah, ließ sich der Einsatz anscheinend nicht anders durchführen und der vorübergehende Ausfall der Tiger musste in Kauf genommen werden …"

Das Schicksal der schweren Panzerabteilung 506 im Verlauf eines Vierteljahres kann als beispielhaft gelten. Die Einheit ging mit nominell 45 Tigern in den Einsatz, während des Berichtszeitraums wurden kein Ersatz nachgeführt. Die tatsächliche Kampfstärke war wesentlich geringer. Am 4.10.1943 wurde von einem externen Beobachter lapidar gemeldet:

„Tiger" – Abteilung 506:
Personell gut, aus PzRgt 3. Offiziere nicht geeignet. Panzerfahrschule genügt nicht. Paderborn Italiener - SS - durchgefallen, erhielten Führerschein geschenkt. Fahrschule kann nicht auf Tigern der Abteilung, sondern nur auf Fahrschul-Tigern gemacht werden, damit sie nicht kaputtgehen, Angst vor Speer. Tiger sind zum Teil 30 km, zum Teil gar nicht eingefahren. Betriebsstoff war genügend da. Übungsplatz-Kommandant Sennelager lässt nicht graben, muss abgelöst werden.

Einsatzbereit am 1.10., 20 Uhr: 14 Panzer VI
In Inst westlich des Dnjepr: 13 Panzer VI langfristig
In Inst ostwärts des Dnjepr: 12 Panzer VI kurzfristig
Totalverluste: 6 Panzer VI

Ununterbrocher Einsatz! Am 26.9. war kein Tiger einsatzbereit. Alles denkt Tiger ist unverwundbar! Daher falscher Einsatz. 500 m von vorn, 1.500 Me-

Ein alter Bekannter der s PzAbt 505, leicht erkennbar durch die Treffer links und rechts der Fahrersichtblende. Das Erkennungszeichen der Einheit, ein schnaubender Stier, ist neben dem Treffer sichtbar. Ein weiterer Treffer ist am Geschützrohr vorbeigeschrammt. Es wäre interessant zu wissen, ob die Waffenanlage noch funktionsfähig war. (Wilhelm)

ter Seite. Schwierigkeiten in Zusammenarbeit mit Infanterie. Er ist kein Sturmgeschütz. Hohe Belastung des Ladeschützen, 9 ohnmächtig! Abteilung hat nur 5 Zugmaschinen statt 13. Ersatzteilbeschaffung aus Blodischew erschwert. Werkstatt hat noch keine Erfahrung! Keine Ersatzteilbevorratung, der elektrische Schweißsatz fehlt.

Hier wird eine Fülle von Problemen aufgedeckt. Von ungenügend ausgebildeten Fahrern bis zum Mangel in der Infanteristischen Grundausbildung und einer diffusen Furcht vor dem Rüstungsminister Albert Speer ist alles vertreten. Der gemeldete Bestand an einsatzbereiten Tigern beträgt 14 Fahrzeuge, und kann als Mittel für die gesamten Kämpfe angesetzt werden. Dieser geringen täglichen Einsatzstärke stehen 213 (!) abgeschossene Feindpanzer gegenüber. Ein bemerkenswertes Ergebnis. In dem Berichtszeitraum mussten lediglich 27 Gefallene beklagt werden.

Der Bericht betont, dass während des Berichtszeitraums kein liegengebliebener Tiger gesprengt werden musste. Von 75 geborgenen Schadpanzern wurden 62 von den Inst-Zügen instandgesetzt, sechs mussten aufgrund größerer Schäden in die Heimat transportiert werden. Mitte des Jahres 1944 sollte die Abteilung eine weitere Bewährungsprobe erleben, als die Tiger Ausf. E erstmals auf die neuen schweren russischen Kampfpanzer JS-2 (Josef Stalin) stießen.

Die Situation an der Südfront in Italien, und besonders ab Mitte 1944 an der Invasionsfront in Frankreich war grundlegend anders. Der isolierte Einsatz der im Osten so erfolgreichen Truppenteile wie Sturmartillerie oder schwere Panzereinheiten zeigte hier wenig Wirkung. Briten und Amerikaner waren in der Lage, sich auf die deutsche Kampftaktik einzustellen, sie konnten praktisch jeden Angriff dank ihrer zahlenmäßigen Überlegenheit und ihrer Lufthoheit aufhalten.

Im Herbst 1943 stellte die s PzAbt 505 ihr Markierungssystem um. Vorn am Turm wurde ein stürmender Ritter angebracht. Auch dieser Tiger zeigt schwere Treffer an der Frontplatte. (Hoppe)

Dieser Tiger der s PzAbt 505 im Winter 43/44 zeigt den stürmenden Ritter, die taktische Nummer wurde nun auf den Panzermantel des Geschützes aufgetragen. Immer noch trugen die Tiger der Abt 505 Holzbalken an der Wannenseite.
(Anderson)

Die westlichen Alliierten hatten eine Strategie entwickelt, die sich an den so erfolgreichen deutschen Einsatzgrundsätzen der Jahre 1940/41 orientierten. Der perfekt austarierte Kampf der verbunden Waffen (Luftwaffe, Artillerie, Offensivverbände) wurde jetzt gegen die Deutschen eingesetzt.

Die Situation an der Ostfront wird durch einen russischen Offizier beschrieben, der am 28.1.1944 von der PzAufklKp 98 gefangen genommen wurde. Hier ein Auszug der Vernehmung:

„... Die Kompanie war mit zehn brandneuen T-34 ausgerüstet. Alle Panzerwagen mit russischen 9 RM Funkgeräten (verbesserte Version), Wellenbereich 160 bis 225 m, ausgestattet. Am 25. Januar wurden drei Panzer auf eine Aufklärungsmission in Richtung Sosowka geschickt. Zurückkehrende Besatzungsmitglieder meldeten, dass alle Panzer durch Tiger abgeschossen wurden.

In der Nacht zum 27. Januar unternahmen die verbliebenen sieben T-34, verstärkt durch Panzer einer unbekannten Einheit (zusammen 20 Panzer) eine weitere Aufklärungsmission nach Westen. In der Dunkelheit verloren die Panzer die Verbindung. Im Morgengrauen versammelten sich fünf Panzer in einem Wald nordwestlich von Bahnhof Ssob. Gegen Mittag erschien ein Tiger und schoss alle fünf zusammen."

Ein weiterer Panzer der s PzAbt 505, diesmal im Sommer 1944 fotografiert. Dies ist die Abschlussausführung des PzKpfw Tiger Ausf. E, schwach erkennbar an den gummisparenden Stahllaufrollen. Der Zimmeritbelag wurde noch bis August aufgetragen. Der Ritter, Symbol der Abteilung, wurde weiter verfeinert. Die Kompanien konnten nun durch die Farbe der Pferdedecke identifiziert werden.
(Anderson)

Erfahrungen wie diese nährten die Legende um den Tiger bei Freund und Feind. Der Tiger war hingegen längst nicht mehr immun gegen Beschuss. Die Einführung neuer Waffen wie der 8,5-cm-Kanone und verbesserter Munition für die 7,62 cm erforderten eine Anpassung der Einsatzgrundsätze. In vielen Berichten wird der isolierte Einsatz einzelner oder weniger Tiger abgelehnt. Für einen massierten Einsatz im Abteilungsverband war die Zahl einsatzbereiter Panzer in den meisten Fällen jedoch zu gering.

Major Schwaner, der Kommandeur der sPzAbt 502, in seinem Bericht vom Einsatz der Abteilung im Bereich der 18. Armee in der Zeit vom 24.6. bis zum 30.6.1944:

*„**Unterstellungsverhältnis:** Stab, 2. und 3./s PzAbt 502 sind dem 38. Armeekorps unterstellt, 1./s PzAbt 502 wird am 23.6.44 dem 50. Armeekorps unterstellt.*

***Lage beim 38 Armeekorps:** Feind ist am 22. und 23.6.44 nach starker Artillerievorbereitung (Trommelfeuer von 60 bis 80 Batterien) in einer Breite von etwa 2 km bei der 121. InfDiv nordostwärts Ostroff mit starken Infanterie- und Panzerkräften in die HKL eingebrochen, hat das Höhengelände bei Sujewo–Schapkow–Bajewo–Wankowo genommen und befindet sich im Vorgehen ...*

***Alarmierung und Auftrag für s PzAbt 502:** Am 23.6., Gegen 2000 Uhr, wird zunächst 3./s PzAbt 502 alarmiert. Später dazu Stab und 2. Kp in den Raum Pyldai, um sich dort für einen Gegen-*

angriff zur Wiedergewinnung der alten HKL bereitzustellen. Die Kompanien treffen im Laufe der Nacht nach 30 km Straßenmarsch mit nur geringen Marschausfällen in befohlenen Raum ein. Einsatzbereit sind: Stab: 1 Befehlswagen; 2. Kp: von 11 Tigern 10; 3.Kp: von 14 Tigern 11.

24.6.44: Angriffsbeginn 0730 Uhr. Um 0720 Uhr wird die vordere Linie der Stellungsinfanterie überrollt in der Absicht, unter Ausnutzung des eigenen Artilleriefeuers zusammen mit der Angriffsinfanterie anzugreifen. Am Wald ostwärts des Staatsgutes Kirowo bleibt die eigene Infanterie zunächst in Folge starken feindlichen Artilleriebeschusses liegen. Die Tiger-Kompanie, die bisher gut vorwärts kam, ist nach 500 m hierdurch zu einem unfreiwilligen Halt gezwungen. Sie wird vom Russen erkannt und gleichfalls unter zusammengefasstes Artilleriefeuer genommen. Der Angriff kommt um 1030 Uhr wieder in Fluss. Panzer und Infanterie kämpfen sich abschnittweise gegen zäh kämpfenden Infanterie-Feind, zahlreiche mittlere und schwere PaK, unter zeitweise stärkstem Artilleriefeuer aller Kaliber vorwärts. Der Angriff des rechten Nachbarn, des PiBtl 121, geht erheblich leichter. In Erkenntnis dieser Lage wird auf Vorschlag beim Divisionskommandeur die gesamte 3. Kp herangezogen, um den schwungvollen Angriff weiter vorwärts zu reißen … Die russische Infanterie, im Einbruchsraum auf etwa drei Infanterieregimenter geschätzt und von Teilen einer gemischten Panzerbrigade unterstützt, wird durch den schwungvollen Zangenangriff der beiden von Tigern unterstützen Angriffsgruppen stark erschüttert und räumt das dem Angriffsziel vorgelagerte Gelände. 2. und 3. Kp erreichen ohne Ausfälle etwa gegen 12 Uhr das Höhengelände von Sujewo und befinden sich mitten in der russischen Hauptstellung, die durch die ehemaligen eigenen Bunker und ein ausgedehntes Grabensystem, das für Panzer fast ungangbar ist, gebildet wird. Die russische Infanterie kämpft zäh und verbissen und kann nur zum Teil aus ihren Gräben vertrieben werden. Viele Bunker, MG- und Granatwerfer-Stellungen werden zusammengeschossen, mehrere Feindpanzer die in den Ruinen in gut getarnten Stellungen standen, vernichtet … Hierbei wurde durch die 2. Kp ein abgeschnittenes russisches InfBtl restlos vernichtet. Bis zum Abend wurden durch die am Angriffsziel stehenden Tiger beider Kompanien insgesamt drei feindliche Gegenstöße abgewehrt und hierbei wiederum sieben Feindpanzer und Infanterie in mindestens Btl Stärke vernichtet. Ungeachtet der Tatsache, dass die Höhenstellungen bei Sujewo noch von russischer Infanterie stark besetzt waren, richtete der Gegner sein zusammengefasstes Feuer hierher, um die Tiger zu vernichten. Hierbei wurden zwei Tiger durch Artillerietreffer bewegungs- bzw. kampfunfähig geschossen. Einer davon so stark, dass die Besatzung weit vor der eigenen Linie ausbooten musste. Der zweite Panzer geriet am Abend, bei dem Versuch mit eigener Kraft zurückzufahren, infolge Schadens an der Kraftstoffleitung in Brand, wurde jedoch von der Besatzung gelöscht. Da bis 2001 Uhr die eigene Infanterie die Höhe von Sujewo nicht säubern und besetzen konnte und der Feuerkampf der Tiger allein nicht zum vollen Erfolg führte, wurden die beiden Tigerkompanien nach Vorschlag bei der Division um 2200 Uhr bis in die Höhe der Bataillonsgefechtsstände zurückgenommen, um sich dort bereitzustellen und neue Gegenstöße abzuwehren.

Die s PzAbt 504 wurde im Frühjahr 1944 neu aufgestellt. Die Einheit war für den Einsatz im Osten vorgesehen, wurde aufgrund der Entwicklung der Lage im Juni jedoch nach Italien verlegt. Dieser Tiger wurde mit der Transportkette auf einem SSyms-Waggon verladen. Die breiteren Gefechtsketten liegen unter dem Panzer. (Bumüller)

Die Panzer der s PzAbt 504 sollten die alliierte Offensive gegen Rom stoppen. Bis Ende Juni verlor die Einheit die Hälfte ihrer Panzer in dem gebirgigen Gelände. Dieser Tiger wurde in einem kleinen Wäldchen untergezogen. Der Tarnanstrich ist sehr aufwendig. (Bumüller)

Im Frühjahr 1944 wurden im Rahmen deutscher Waffenhilfe Panzer an Ungarn geliefert, darunter einige Tiger. Auch die s PzAbt 503 musste Material abgeben. Hier sind Männer der Einheit mit der Ausbildung ungarischer Rekruten beschäftigt. Die späten gummisparenden Stahllaufrollen sind gut sichtbar. Im Hintergrund sind weitere PzKpfw IV und Sturmgeschütze aufgefahren. (Kadari)

Erfolge:
20 Panzer (T-34 und KW-1) abgeschossen, 15 PaK vernichtet. Mindestens zwei Btl feindlicher Infanterie vernichtet bzw. aufgerieben.

Eigene Verluste:
Zwei PzKpfw VI (Tiger), davon einer vor der erreichten HKL, der zweite Wagen in der eigenen HKL abgeschossen.

Tote und Verwundete:
Keine."

In den Kämpfen um Sujewo konnten die Tiger der schweren PzAbt 502 in panzerungünstigem Gelände ihr Operationsziel erreichen. Es sollte sich jedoch zeigen, dass das gewonnene Gelände nicht gehalten werden konnte, da die eigene Infanterie die russischen Gräben nicht

Im Herbst 1944 stießen Tiger der s PzAbt 506 erstmals auf schwere russische Panzer vom Typ JS-2. In schweren Gefechten wurde der Angriff abgeschlagen, mehrere Josef Stalin vernichtet. Dieser Panzer wurde umgehend an die Heeres-Versuchsanstalt verschickt. (Anderson)

säubern und besetzen konnte. Die Tiger wurden bis auf die eigenen Linien zurückgezogen. Am nächsten Tag wurden verschiedene russische Gegenstöße abgewehrt. Der Bericht fährt fort:

„26.6.44: Auftrag

Weitere Einengung des feindlichen Einbruchraumes und Wiederherstellung der alten HKL bei Sujewo. Der Angriff soll in zwei Kampfgruppen ähnlich wie am 24.6.44 geführt werden; rechts entlang der Höhenrücken Wochtschinino - Sujewo das PiBtl 121 in Zusammenarbeit mit sechs Tigern unter Führung von Hptm von Schiller, links das GrRgt 94 in Zusammenarbeit mit sechs Tigern unter Führung von Lt Carius. Der Angriffsbeginn wurde zunächst auf 0900 Uhr festgelegt, im Laufe der Nacht jedoch auf 0600 Uhr vorverlegt.

Die schweren Panzer konnten eine Menge einstecken. Zwei Treffer an der Wanne (weiß markiert) durch Tiger Ausf. E (8,8-cm-KwK 36) konnten auf 1.100 bzw. 1.200 m nicht durchschlagen. Ein Treffer neben der Geschützblende schaltete den JS-2 schließlich aus, er wurde von einer Hornisse (8,8 cm PaK 43) auf 2.500 m Entfernung abgegeben. Im Hintergrund ist ein beschädigter Tiger der Abteilung 506 erkennbar. (Anderson)

Verlauf des Angriffes:

Nach starker Artillerievorbereitung, Zusammenfassung aller verfügbaren Batterien, auf die Einbruchstelle und die Höhe von Sujewo, treten beide Angriffsgruppen um 0615 Uhr zum Angriff an. Der Einbruch in die feindliche HKL gelingt ohne große Schwierigkeiten. In gründlicher und enger Zusammenarbeit zwischen Panzern und Infanterie wird Graben für Graben aufgerollt. Bis zur Höhe von Sujewo und Wochtschinino kommt der Angriff gut vorwärts. Die Panzergruppe von Schiller vernichtet am Ostrand der Höhe zwei 12,2 cm PaK. Im weiteren Verlauf des Angriffes ergeben sich für die Tiger äußerst schwierige Geländeverhältnisse. Die feindlichen Stellungen sind durch das beiderseitige Artilleriefeuer stark zusammengeschossen. In den Gräben und Trichtern hat sich durch die vergangen Regentage viel Schlamm und Moder gebildet. Die Panzer können sich nur Schritt für Schritt vorwärts arbeiten und müssen sich gegenseitig durch Funk einweisen. Wie am 24.6. setzt wiederum starkes konzentriertes Artilleriefeuer aller Kaliber auf die Panzer ein. Hier machte sich besonders bemerkbar, dass die beherrschende Höhe von Baljewo, die ursprünglich zur gleichen Zeit angegriffen werden sollte, noch nicht im eigenen Besitz ist, sondern ein starkes feindliches Widerstandsnest bildet. Von hier kann der Feind mit seinen B-Stellen das gesamte Angriffsgelände beider Gruppen überblicken und mit schweren Waffen abdecken. Die Abschirmung dieser gefährlichen Nordflanke durch eigene Artillerie gelingt nur zum Teil und hat wenig Wirkung. Das konzentrierte gegnerische Artilleriefeuer, PaK und 15,2 cm Sturmgeschütze verursachen bei beiden Tigergruppen Ausfälle. Bei Hptm von Schiller werden zwei Tiger durch Artillerietreffer beschädigt und bewegungsunfähig. Bei Lt Carius ebenfalls zwei Tiger. Trotzdem wird der Angriff zur endgültigen Inbesitznahme der Höhe fortgesetzt … Ein Tiger der Gruppe Carius fällt, durch direkten Artillerie- und Sturmgeschützbeschuss aus, nachdem zwei russische Sturmgeschütze auf 1.500 m abgeschossen wurden. Durch das gleiche Feuer fallen bei der Gruppe von Schiller zwei Panzer aus. Um weitere Verluste beim Herauffahren bzw. Überschreiten der Höhen zu vermeiden, wird befohlen, alle Tiger in Hinterhangstellungen zurückzunehmen und zur Panzerabwehr bzw. zu Gegenstößen im Falle feindlicher Einbrüche bereitzustellen … Gegen 1500 Uhr erfolgt unter rollendem Einsatz von Schlachtfliegerverbänden und unter dem Einsatz von starker Artillerie und Granatwerfern ein feindlicher Gegenangriff von Osten her mit sieben Panzern (KW-1 und Sherman) sowie etwa 400 Mann Infanterie. Zwei KW-1 werden durch die Panzer von Hptm Leonardt abgeschossen. Insgesamt sind mit den Ausfällen vom 24.6.44 neun Tiger in bzw. dicht hinter der neuen gewonnenen HKL durch Artillerie-und PaK Treffer bewegungsunfähig liegengeblieben. Zur Bergung dieser Panzer werden im Laufe der Nacht alle einsatzbereiten Tiger angesetzt. Bis zum Morgen des 27.6. gelingt es, 5 ausgefallene Tiger aus dem feindlichen Feuer zu bergen.

Dies ist einer der am Kampf beteiligten Tiger der s PzAbt 506. Er trägt die Turmnummer 11. Um das Material zu schonen, wurden längere Märsche grundsätzlich auf der Schiene durchgeführt. (Anderson)

Erfolge:
2 Sturmgeschütze 15,2 cm, 2 KW-1 vernichtet, 4 12,2 cm PaK, mehrere m PaK und Sfl vernichtet, Granatwerfer und MG durch Beschuss bzw. Überrollen zerstört, etwa 500 Feindtote.

Eigene Verluste:
7 PzKpfw Tiger bewegungsunfähig geschossen; hiervon wurden 5 im Laufe der Nacht geborgen.

Personelle Verluste:
1 Offizier (Lt Naumann), 1 Uffz und 1 Mann vermisst. 4 Schwerverwundete, 2 Leichtverwundete …"

Die Kämpfe um Sujewo sollen noch bis zum 30.6. andauern. Der Kommandeur der Abteilung fasste seine Erfahrungen zusammen: *„Die Abteilung führte mit Stab und 2 Kompanien in Zusammenarbeit mit einem InfRgt und einem PiBtl einen erfolgreichen Gegenangriff zur Bereinigung des Einbruchraumes nordostwärts Ostroff durch … Der Angriff war nur mit Unterstützung durch Tiger möglich und hätte ohne sie nicht zum Erfolg geführt. Der Erfolg musste durch einige Verluste an Tigern, die durch Artillerievolltreffer und Sturmgeschütz-Beschuss eintraten, erkauft werden. Im Laufe des Angriffs sowohl am 24.6. als auch am 26.6 machte sich besonders unangenehm bemerkbar, dass der Russe das gesamte Angriffsgelände von Norden einsehen konnte … Am 2. Angriffstag war der Kampf für die Panzer insofern erschwert, als sich die feindliche Panzerabwehr, durch schwere PaK, Sturmgeschütze und Panzer verstärkt, aus geschickt angelegten Stellungen verteidigte. Führungsmäßig war der Kampf am 26.6. dadurch erschwert, dass der Russe den gesamten UKW-Funkbetrieb störte und auf einzelnen noch frei bleibenden Frequenzen in deutscher Sprache dazwischen sprach und irreführende Befehle gab. Funkmäßig wurde laufend versucht, störungsfreie Frequenzen zu finden und auf diesen weiter zu arbeiten. Dies hatte jedoch zur Folge, dass z.B. zur Durchgabe eines einfachen Abteilungs-Funkbefehls über eine Stunde gebraucht wurde … Geländemäßig bot das Gelände im Angriffstreifen die größten Schwierigkeiten."*

Der Einsatz der beiden Kompanien der s PzAbt 502 zur Unterstützung eines Infanterieangriffes gelang und brachte die gewünschte Wiederherstellung des alten Frontverlaufs. Die personellen Verluste des deutschen InfRgt sind nicht bekannt, der Kommandeur schätzt die Zahl der Feindtoten auf 1.100. 27 feindliche Panzer und 20 Geschütze konnten vernichtet werden. Auf eigener Seite mussten drei liegengebliebene Tiger als Totalausfälle abgeschrieben werden (wobei alle durch eigenen KwK-Beschuss zerstört werden mussten, um ihre Bergung durch den Gegner zu verhindern). Sechs weitere Tiger sind durch Beschuss ausgefallen, konnten jedoch vom Gefechtsfeld geborgen und in der Werkstatt repariert werden. Ebenfalls sind zwei SPW ausgefallen, auch diese konnten geborgen und repariert werden. Dieser Bericht belegt sowohl die Robustheit des Tigers als auch die Leistungsfähigkeit der deutschen Berge- und Instandsetzungsdienste.

Tarnung konnte lebenswichtig sein. Dieser Tiger steht, mit Buschwerk abgedeckt, in einem kleinen Wäldchen. Die lange Kanone ragt zwischen den Bäumen hervor, die Mündungsbremse ist mit einem Staubschutzmantel abgedeckt. An der Wannenfront sind durch die Wucht zweier Abpraller große Teile des Zimmeritbelags abgeplatzt. (Anderson)

Neue russische Panzer

Mitte des Jahres 1944 wurde der modernisierte T-34/85 (auf deutscher Seite gemeinhin als T-43 bezeichnet) und der neue schwere JS-2 (IS-122) in schnell steigenden Stückzahlen eingeführt. Beide Panzer waren mit wirkungsvollen Geschützen ausgerüstet (85 mm bzw. 122 mm), die Überlegenheit der Durchschlagsreichweiten der deutschen Panzerkanonen wurde geringer. Die deutschen Panzerregimenter waren zu einem großen Teil noch mit dem PzKpfw IV und dem StuG III ausgerüstet. Diese Kampffahrzeuge zeigten sich den moderneren russischen Entwicklungen als nicht mehr gewachsen. Es sollte immer schwerer werden, die unterlegene Waffenwirkung sowie den deutlich schwächeren Panzerschutz durch bessere Einsatztaktiken auszugleichen.

Die Russen haben die Produktion ihrer schweren Panzer niemals aufgegeben, der KW wurde im Rahmen einer ständigen Weiterentwicklung vereinfacht und verbessert. 1943 erschien der KW-1s auf dem Gefechtsfeld, dessen Beweglichkeit aufgrund von Gewichtseinsparungen besser ausfiel. Sowohl Panzerschutz als auch Bewaffnung (7,62 cm) blieben auf dem gleichen Niveau. Das führte bald zu Kritik, da dieser schwere Panzer deutlich schwächer bewaffnet war als der leichtere T-34/85. Um die Jahreswende 1943/44 tauchte der KW-85 in größeren Stückzahlen auf, dessen 8,5 cm Geschütz jedem deutschen Panzer gefährlich werden konnte. Im Sommer

Die Tiger der s PzAbt 509 sind leicht durch die ungewöhnlichen Turmnummern zu erkennen. Dieser Tiger wurde vorschriftsmäßig verladen, die schmale Transportkette wurde aufgezogen und die äußeren Laufrollen entfernt. Deren Flansche sind gut eingefettet. Die aufwendige Tarnung ist gut sichtbar, die Position der abgenommenen Kettenabdeckungen ebenso. (Anderson)

Ein weiterer Tiger derselben Einheit. Der Einsatz der schweren Panzer war abhängig von den Bodenverhältnissen und somit auch von der Wetterlage. In diesem deckungslosen Terrain konnten die weitreichenden Waffen des Tiger Ausf. E und später des Königstigers ihre Überlegenheit ausspielen. Mit Einführung des Josef Stalin waren auch die Tiger Ausf. E gefährdet. (Anderson)

1944 wurde dann der JS-2 (oder JS-122, wie er auf deutscher Seite genannt wurde) eingeführt. Dieser Panzer, im Grunde eine logische Weiterentwicklung des KW, hatte einen wesentlich verstärkten Panzerschutz und mit der 122 mm Kanone eine deutlich stärkere Bewaffnung.

Am 19.5.1944 meldete der Generalinspekteur der Panzertruppen:

„I. Neuer russischer Panzer Kampfwagen „I.S." 122 (Josef Stalin)

Im Süden der Ostfront wurde ein schwerer russischer PzKpfw abgeschossen, bei dem es sich wahrscheinlich um den in verschiedenen Meldungen angekündigten „Josef Stalin" handelt. Anhaltspunkte hierfür sind die Beobachtung, dass

A) an einem Panzer ein Schild angebracht war mit der Aufschrift „I.S." 122 – Josef Stalin, Kal. 122mm

B.) vor Auftreten des Panzers Gefangene, die ihn aus dem Gedächtnis zeichneten, unabhängig voneinander die wesentlichen Merkmale richtig zur Darstellung brachten.

Die vorhergesagten Panzerstärken bis 250 mm treffen nicht zu. Nach den bisherigen Messungen ergeben sich:

1) Technische Angaben

Gewicht: 50 t (geschätzt)
Abmessungen
Länge: 6,45 m (ohne Rohrüberstand)
Breite: 3,10 m
Höhe: 2,65 m
Kettenbreite: 0,65 m
Bodenfreiheit: 0,40 m

Panzerung:
Geschützblende: 100 mm (max.)
Turm: 100 mm (rund um)
Turmdeckel: 30 mm
Bug: 100 mm
Seite: 90 mm
Wannendecke: 30 mm
Bodenplatte vorn: 30 mm
Bodenplatte hinten : 20 mm

Bewaffnung:
eine 122 mm KwK mit Mündungsbremse.
Rohrlänge: 5,23 mm (ohne Mündungsbremse)
Kaliberlänge: L 43
Drei Maschinengewehre 7,62 mm DT, und zwar,
1 MG rechts neben dem Fahrer,
1 MG im Turm neben dem Geschütz,
1 MG in Toren nach Rückwärts.

Beobachtungsmittel, soweit im ausgebrannten Panzer festgestellt werden konnte:
3 Winkelspiegel in Fahrerfront
1 Winkelspiegel im Turm rechts von Geschütz
1 Winkelspiegel in der Kommandantenkuppel
6 Sehschlitze in der Kommandantenkuppel

Die s PzAbt 503 wurde 1944 nach Frankreich verlegt. Hier sind drei Tiger Ausf. E der späten Produktion aufgefahren. Die Panzer zeigen die flache Kommandantenkuppel, die gummisparenden Stahllaufrollen sowie Zimmeritbelag. Die Abteilung ging im Kessel von Falaise fast vollständig verloren. (Kadari)

Motor:
520 PS Zwölfzylinder Diesel, wie im Sturmgeschütz 152 mm im Heck

2) Auffallende Merkmale:
Turm wie bei T-34 weit nach vorne gerückt, von oben gesehen Tropfenform, nach hinten verjüngt. Kommandantenkuppel auf dem hinteren Teil des Turmes, stark nach links versetzt. Fahrerluke in der Mitte der Fahrerfront. Laufwerk wie bei KW: 6 Lauf- und 3 Stützrollen, Triebrad hinten, Leitrad vorne.

3) Bekämpfungsmöglichkeiten:
Allgemein treffen etwa dieselben Voraussetzungen wie für den KW-85 zu unter Berücksichtigung der ca. 30 mm stärkeren Panzerung von Wanne und Aufbau beim Stalin …

Mit 7,5-cm-KwK 42, 8,8 KwK 36 und 8,8 cm PaK 43 kann der neue Panzer an den am stärksten gepanzerten Stellen bis 1.000 m und darüber, an den übrigen Stellen bis 3.000 m und darüber geschlagen werden (Ausnahme: schräge Fahrerfront, hier etwa halbe Werte). Tatsächlich erfolgte Abschuss durch „Nashorn" (früher „Hornisse") mit 8,8 cm L/71 an Turmfront auf 2.600 m glatter Durchschuss …

II. T-34 mit 8,5-cm-KwK L/53
Dieser Panzerkampfwagen ist ebenfalls neu an der Ostfront aufgetreten.

1) Technische Angaben:
Gewicht: 30 t
Fahrgestell: wie T-34
Turm: neuer Drehturm mit etwas verstärkter Panzerung und Kommandantenkuppel.

Bewaffnung:
1 8,5-cm-KwK L 53
2 MG, 1 in Turmfront, 1 in Fahrerfront.

2) auffallende Merkmale:
Fahrgestell des T-34, großer Turm mit langer Kanone ohne Mündungsbremse.

3) Bekämpfungsmöglichkeiten:
Fahrgestelle und Aufbau wie T-34. Turm wie KW-85, jedoch kein Heck-MG."

Das Heereswaffenamt ordnete Vergleichstest mit deutschen Panzern an. Mitte 1944 wurde ein Vergleichsbericht zwischen deutschen Panzern und den neuen russischen T-34/85 und JS-2 durch das Waffenprüfamt in Hillersleben veröffentlicht:

„Gegenüberstellung deutscher PzKpfw gegen die neuen russischen PzKpfw T-34/85 und IS 122

Es wurden verglichen die Durchschlagsreichweiten der deutschen

PzKpfw	*Panzer IV*	*mit 7,5-cm-KwK 40,*
	Panther	*mit 7,5-cm-KwK 42,*
	Tiger 1	*mit 8,8-cm-Kwk 36,*
	Tiger 1	*mit 8,8-cm-KwK 43,*
	Tiger 2	*mit 8,8-cm-KwK 43*

gegen die neuen russischen PzKpfw T-34/85 und JS-122 mit den Durchschlagsreichweiten der beiden russischen PzKpfw gegen obige deutsche Panzer. Da keine Versuchsbeschüsse hierüber vorliegen, sind alle Durchschlagsreichweiten errechnet worden … Nach hier vorliegenden Meldungen verschießt die russische 8,5-cm-KwK (L/51) eine PzGr mit einem Geschossgewicht von 9,2 kg bei V° = 792 m/s und die russische 12,2-cm-KwK (L/45) eine PzGr mit einem Geschossgewicht von 25,6 kg bei V° = 800 m/s. Die benutzten Durchschlagskurven der russischen Waffen sind russischen Unterlagen entnommen worden. Sämtliche Durchschlagskurven lagen nur bis zu 2.000 m Entfernung vor und mussten bis zu 3.500 m geschätzt werden. Nachstehend sind die Durchschlagsreichweiten für 100 m Kampfentfernung und 60° Aufschlag Ingrid angegeben:

Dieser Tiger Ausf. E, vermutlich ein Fahrzeug der s SS PzAbt 103, zeigt gut Details des Zimmeritbelags, der zur Abwehr magnetisch haftender Panzerbekämpfungsmittel eingeführt wurde. Die Besatzung scheint ihren Panzer einem höheren Offizier vorzustellen. (Anderson)

7,5-cm-KwK 40 mit 7,5 cm PzGr 39	*- 99 mm*
7,5-cm-KwK 42 mit 7,5 cm PzGr 39/42	*- 138 mm*
8,8-cm-KwK 36 mit 8,8 cm PzGr. 39	*- 120 mm*
8,8-cm-KwK 43 mit 8,8 cm PzGr 39/42	*- 202 mm*
8,5-cm-KwK (r) mit 8,5 cm PzGr (r)	*- 109 mm*
12,2-cm-KwK (r) mit 12,2 cm PzGr (r)	*- 134 mm*

Den Berechnungen liegt ein angenommener Seitenwinkel von 60° zugrunde. Das Panzermaterial wurde einheitlich dem Plattenmaterial für Versuchsbeschüsse gleichgesetzt, bei Stahlguss wurde mit einer um 14% herabgesetzten Plattenstärke gerechnet. Für stark gewölbte Panzerteile (z.B. Waffenblenden) wurde ein Neigungswinkel von 60° angenommen. Die Treffmöglichkeit der einzelnen Waffen ist bei dieser Gegenüberstellung unberücksichtigt geblieben. Eine Zusammenstellung der für die einzelnen Flächen errechneten Durchschlagsreichweiten bringt Anlage 1. Überschlägig kann gesagt werden, dass der

Panzer IV
dem T-34/85 und IS 122 weit unterlegen ist,

der Panther
dem T-34/85 bei Frontbeschuss weit überlegen, bei Seite und Heck etwa gleichwertig ist, dem IS 122 bei Frontbeschuss überlegen, bei Seite und Heck unterlegen ist,

der Tiger 1 mit KwK 36
dem T-34/85 überlegen und IS 122 unterlegen ist,

der Tiger 1 mit KwK 43
dem T-34/85 weit überlegen und IS 122 überlegen ist,

der Tiger 2 mit KwK 43
dem T-34/85 und IS 122 weit überlegen ist."

Diese Berichte zeigen, dass es auf deutscher Seite bezüglich des Kampfwertes der eigenen Panzer keine Illusionen gab. Die Unterlegenheit aller mit der 7,5-cm-KwK 40 bzw. StuK 40 bewaffneten eigenen Panzer wurde schonungslos offen gelegt. Auch der Tiger 1 (Tiger Ausf. E) wurde kritisch betrachtet, besonders wegen der vergleichsweise schwachen Waffenleistung bei Verschuss von Panzergranaten. Der Hinweis, dass der Tiger Ausf. E im Vergleich aufholen würde, wenn die 8,8-cm-KwK 43 eingebaut würde, ist rein akademischer Natur, da dieses Geschütz niemals eingeführt wurde. Dass der Tiger 2 (Tiger Ausf. B) diesen Vergleich klar gewinnt, entspricht der allgemeinen technischen Entwicklung, aber auch einer entsprechenden (deutschen) Erwartungshaltung. Tatsächlich zeigte der Tiger

Im Herbst 1944 fand sich die neu aufgestellte s PzAbt 503 in Ungarn wieder, wo die Tiger der Abteilung zu einer Demonstration der Stärke an der Budapester Burg Verwendung fanden. (PK-Foto)

Die s PzAbt 503 gehörte zu den ersten Einheiten, die mit dem neuen Tiger Ausf. B ausgerüstet wurden. Diese frühen Fahrzeuge mit dem von Porsche entwickelten Turm wurden an der Invasionsfront unter Bäumen untergezogen. Die alliierte Luftüberlegenheit war überwältigend. (Münch)

Ausf. B bemerkenswerte technische Parameter, vom rein taktischen Gesichtspunkt verliert er jedoch aufgrund seines hohen Gewichtes und der damit verbundenen begrenzten Beweglichkeit. Unter diesen Gesichtspunkten erscheint der PzKpfw Panther (nach deutscher Lesart ein mittlerer Panzer) am ausgewogensten. Dabei sollte nicht vergessen werden, dass der IS-122 oder JS-2 bei etwa demselben Gewicht mit einem wesentlich stärkeren Geschütz (zwei Kaliberklassen) ausgestattet war.

Im Nachrichtenblatt der Panzer-Truppen erschien im September 1944 ein Bericht:

„Kampf zwischen Tiger und Josef Stalin

Eine „Tiger"-Kompanie, die in kurzer Zeit zahlreiche Panzer vom Typ „Josef Stalin" abschoss, berichtet über einen solchen Kampf:

Die Kompanie hat den Auftrag, den in einen Wald eingebrochenen Feind zu werfen und dann weiter vorzustoßen. Um 12.15 Uhr trat die Kompanie zusammen mit einem InfBtl zum Angriff an. Infolge des dichten Waldbestandes sowie äußerst schlechter Sichtmöglichkeiten (50 m) war die Kompanie gezwungen, in Reihe auf einem schmalen Feldweg vorzugehen. Die sowjetische Infanterie verließ

Die Heckansicht zeigt die geschossabweisende Form des Tiger Ausf. B. Auch hier ist der Zimmeritbelag gut erkennbar. Auf dem Motordeck sind Kraftstoffkanister abgelegt. Es gibt zweifellos bessere Plätze dafür. (PK-Foto)

Die 8,8-cm-KwK 43 drohend nach oben gerichtet, steht dieser Tiger Ausf. B in Budapest. Die Präsenz der schweren Panzer verhinderte Bestrebungen der ungarischen Regierung, einen Waffenstillstand mit den vorrückenden Russen auszuhandeln. (PK-Foto)

beim Erscheinen der „Tiger" fluchtartig ihre Stellungen. Die vom Gegner innerhalb einer Dreiviertelstunde nach erfolgtem Einbruch in den Wald nachgeführte PaK wurde trotz der schwierigen Sichtverhältnisse rasch – zum Teil durch Feuer, zum Teil durch Überwalzen – vernichtet. Zahlreiche PaK fielen unbeschädigt in unsere Hand. Nachdem der Spitzenzug der Kompanie 2 km durch den Wald vorgestoßen war, bemerkte der Zugführer plötzlich umknickende Bäume und sah dicht vor sich eine große Mündungsbremse („Josef Stalin"). Er gab sofort Feuerbefehl: „Panzergranate – Standvisier – Schuss!", erhielt aber zu gleicher Zeit zwei PaK-Treffer 4,7 cm und war somit der Sicht beraubt. Inzwischen war der zweite Wagen des Zuges durch den Wald gefahren und auf Höhe des Zugführerwagens aufgerückt. Der Zugführer hatte trotz schlechter Sicht den Feuerkampf auf eine Entfernung von 35 m fortgesetzt, worauf sich der „Josef Stalin" hinter einem kleinen Hügel zurückzog. Der zweite „Tiger" hatte sich inzwischen an die Spitze gesetzt und gab drei Schuss auf den Feindpanzer ab. Bei Abgabe des dritten Schusses erhielt er selbst einen KwK-Treffer 12,2 cm am Bug unterhalb des Funker-Sitzes, der wahrscheinlich deswegen nicht durchschlug, weil der Tiger schräg zum Ziel stand. Der Feindpanzer dagegen war durch den letzten Schuss (Durchschuss an der Kanone) außer Gefecht gesetzt worden. Ein zweiter „Josef Stalin" versuchte, das Absetzen des ersten zu decken. Nach kurzem Feuerkampf erzielte einer der beiden „Tiger" bei diesem einen Durchschuss unterhalb der Kanone, worauf der Feindpanzer sofort ausbrannte. Die Feuerfolge des „Josef Stalin" war verhältnismäßig langsam.

Der Kompaniechef zieht aus allen Gefechten seiner Kompanie gegen Panzer vom Typ „Josef Stalin" folgende Erfahrungen:

Dieser Tiger Ausf. B der s PzAbt 503 wurde nicht mehr mit einem Zimmeritbelag versehen. Er wurde nach August 1944 produziert. Teile der seitlichen Kettenabdeckungen fehlen. (PK-Foto)

1. Bereits beim Erscheinen der „Tiger" drehen die meisten „Josef Stalin" ab und versuchen, sich dem Feuerkampf zu entziehen.
2. Die „Josef Stalin" lassen sich in vielen Fällen nur auf einen Feuerkampf auf größere Entfernung (über 2.000 m) ein und auch nur dann, wenn sie selbst in Randstellung stehen.
3. Die feindlichen Besatzung neigen dazu, sofort beim ersten Beschuss auszubooten.
4. Die Sowjets sind bestrebt, gerade den „Josef Stalin" auf keinen Fall in unsere Hände fallen zu lassen und versuchen mit allen Mitteln, die Panzer abzuschleppen oder zu sprengen.
5. Auch der „Josef Stalin" lässt sich abschießen, wenn auch ein Durchschuss frontal auf weitere Entfernung nicht ohne weiteres zu erzielen ist (eine andere Tiger-Abteilung meldet aus dem Osten, dass die „Josef Stalin" frontal nur auf eine Entfernung unter 500 m vom Tiger geschlagen werden können).
6. Es ist anzustreben, die „Josef Stalin" in der Flanke bzw. im Rücken zu fassen und im zusammengefassten Feuer zu vernichten.
7. Weiterhin darf der Feuerkampf gegen „Josef Stalin" nicht unter Zugstärke aufgenommen werden. Einsatz einzelner „Tiger" bedeutet ihren Verlust.
8. Es hat sich als zweckmäßig erwiesen, nach Erzielen des ersten Treffers den „Josef Stalin" durch Beschuss von Sprenggranaten zu blenden.

Stellungnahme des Generalinspekteurs der Panzertruppen:
1. Die Erfahrungen stimmen mit denen anderer „Tiger"-Einheiten überein und sind richtig.
2. Zu 4. wäre es wünschenswert, dass der Gegner die gleiche Bestrebung bei allen unseren Tigerbesatzung festgestellt hätte. Niemals darf ein „Tiger" unzerstört in Feindeshand fallen! Diesen Grundsatz muss jede Besatzung durch vorbildliche Einsatzbereitschaft erfüllen.
3. Zu 5. und 6. In der Zeit der 12,2-cm-KwK und 5,7 cm PaK im Osten sowie der 9,2 cm PaK-FlaK im Westen und Südwesten kann sich der „Tiger" aufgrund seiner Beschaffenheit nicht mehr über die für andere Panzertypen gültigen Kampfgrundsätze hinwegsetzen. Dazu gehört auch, dass der „Tiger" genauso wenig mit einzelnen Wagen auf eine Höhe fahren kann um das Gelände einzusehen wie alle anderen Panzer. Bei einer solchen Gelegenheit wurden kürzlich drei „Tiger" durch Volltreffer 12,2 cm vernichtet, wobei die Besatzung bis auf zwei Mann den Tod fand.

Der Grundsatz der Panzertaktik, dass Panzer nur geschlossen und schnell (sprungartig) unter Feuerschutz eine Höhe überschreiten sollen, diese andernfalls umgehen müssen, war dieser Abteilung sicher nicht unbekannt. Worte vom „dicken Fell", von der „Unverwundbarkeit" und der „Sicherheit" der Besatzung des „Tiger", die sich bei anderen Truppen, wie auch zum Teil innerhalb der Panzertruppe festgesetzt haben, müssen nun endgültig ausgemerzt und entkräftet werden.

Daher ist der Hinweis auf die Beachtung der allgemeingültigen Kampfgrundsätze beim Kampf Panzer gegen Panzer gerade für „Tiger"-Einheiten besonders wichtig.
4. Zu 7. ist zu sagen, dass der Gedankengang zwar richtig ist, andererseits aber drei „Tiger" nicht vor fünf „Josef Stalin" die Flucht ergreifen können, nur weil der Feuerkampf nicht unter Zugstärke aufgenommen werden darf …
5. In diesem Zusammenhang wird darauf hingewiesen, dass die Panzer vom Typ „Josef Stalin" nicht nur von „Tigern" und „Panthern", sondern auch von Panzern IV und Sturmgeschützen aus der Flanke und von hinten durchschlagen werden."

(Anmerkung des Verfassers: Es handelte sich mit ziemlicher Sicherheit um eine s PzAbt, die noch mit dem Tiger Ausf. E ausgerüstet war. Bei der im Bericht erwähnten „amerikani-

Im Juli und August 1944 erhielt auch die s PzAbt 505 Tiger Ausf. B. 45 Panzer wurden in 2 Tranchen geliefert. Die taktischen Nummern wurden seitlich am Geschützrohr aufgetragen. Der Wagen zeigt keine Kettenabdeckungen. (Anderson)

Auch dieser Tiger Ausf. B gehörte der s PzAbt 505 an, wieder erkennbar an der taktischen Nummer. Dieser Tiger wurde mit einem Zimmeritbelag versehen. (Scott)

schen 9,2 cm PaK-FlaK“ kann es sich um die englische 3,7 inch AA gun oder die amerikanische 90 mm M1A1 gehandelt haben. Es ist möglich, dass diese analog der deutschen 8,8-cm-FlaK im Erdeinsatz eingesetzt wurden.)

Dieser Bericht offenbart, dass die Tiger Ausf. E auch den Kampf gegen JS-2 Panzer erfolgreich bestehen konnten. Der Einwand des Generalinspekteurs der Panzertruppen, den schweren russischen Panzer mit PzKpfw IV und Sturmgeschützen auszumanövrieren und von hinten zu fassen, bleibt jedoch zynisch.

Am 22.7.1944 traf die schwere PzAbt 502, zu dieser Zeit ebenfalls noch mit Tiger Ausf. E ausgerüstet, zum ersten Mal auf den JS-2 in größeren Stückzahlen. Major Schwaner berichtet am 19. August 1944:

„... Lt Bölter (1. Kp) greift gegen 1100 Uhr Leikumi an und hat ersten Feindwiderstand 500 m südwestlich des Ortes. Dort hat der Gegner zum Schutze seiner Südflanke etwa acht Panzer und mehrere PaK in Stellung gebracht. 6 T-43 und mehrere LKW mit angehängter PaK so wie bereits in Stellung befindliche PaK werden bekämpft und vernichtet. Im weiteren Vorfahren gegen Leikumi werden 2 Tiger kampfunfähig geschossen. Die restlichen 4 einsatzbereiten Tiger nehmen Leikumi, sichern bis zum späten Nachmittag ohne Regeln die russischen Nachschubstraße ab ... Die 2. Kp, die befehlsgemäß auf der Straße Dünaburg-Izvalta der 1. Kp gefolgt war, erhielt den neuen Einsatzbefehl ..., um entlang der Rollbahn nach Viski vorzugehen. Gegen 1300 Uhr stößt sie bei Malaniva überraschend auf 20 schwere und schwerste feindliche Panzer vom Typ Josef Stalin und T-43. Lt Carius greift aus dem Marsch heraus, seiner Kompanie vorausfahrend, gefolgt von Fw Kerscher und Lt Nienstedt, die feindlichen Panzer an und vernichtet ohne eigene Verluste mit diesen 3 Tigern 17 Feindpanzer auf nahe und nächste Entfernung. Er selbst schießt mit seinem Panzer 10 Feindpanzer ab. Lediglich drei Feindpanzer können nach Osten verschwinden ...

Ein Tiger Ausf. B einer unbekannten schweren Panzerabteilung. Gegen Ende des Krieges litten alle deutschen Einheiten unter Versorgungsproblemen. Besonders Kraftstoff und Munition konnten nicht immer nachgefüllt werden. (Münch)

Erfolge: 23 Pz abgeschossen (17 T-43, 6 Josef Stalin), 6 S PaK
Eigene Verluste: 2 Tiger durch PaK bzw. KwK Treffer kampfunfähig geschossen
Pers. Ausfälle: Keine"
Der Erfahrungsbericht fährt fort:
23.7.: 2 T-43, keine Verluste;
24.7.: 17 Panzer, Lt Carius und ein Mann schwer verwundet;
25.7.: 18 Panzer, 5 PaK, keine Verluste;
26.7.: 12 T-43, 1 JSU 122, 19 PaK, 34 Lkw, eigene Verluste: 2 Tiger, 3 Gefallene.

In dem Zeitraum vom 10.7. bis zum 26.7. vernichtet die sPzAbt 502 mit ihren Tigern 84 Feindpanzer, ein Sturmgeschütz, 71 PaK, zwei Artilleriegeschütze und 1250 Soldaten. Die eigenen Verluste betragen 3 Totalverluste (Tiger Ausf. E), 10 ausgefallene Tiger (alle geborgen und durch die Instandsetzung repariert). Drei Tote und 28 Verletzte waren zu beklagen.

555 Panzergranaten (8,8 cm PzGrPatr 39), 876 Sprenggranaten (8,8 cm SprGrPatr) und 36.000 Schuss MG 34 wurden verfeuert. Über den Zeitraum von 16 Tagen reparierte der Werkstatt-Zug 49 Tiger Ausf. E. An keinem Tag waren mehr als 28 Tiger einsatzbereit. Am 12.7. waren nur 7 Panzer verfügbar. Am Ende des Einsatzes hatte die Abteilung 32 Tiger, von denen 12 noch einsatzbereit waren. Die Sollstärke betrug 45 Tiger.

Mit der s PzAbt 503 in Ungarn

Im Oktober 1944 wurde die s PzAbt 503, nun ausgestattet mit PzKpfw Tiger Ausf. B, auch Königstiger genannt, nach Ungarn verlegt. Hier wurde die Einheit eingesetzt, um Miklós Horthy, der einen Waffenstillstand mit den Russen anstrebte, abzusetzen. Aufgrund der demonstrativen Anwesenheit der schweren Panzer konnten faschistische Pfeilkreuzler die Regierung übernehmen.

Der Kommandeur der s PzAbt 503 berichtet am 25.11.1944:

„Eine Verschärfung der Lage ostwärts der Theiss und bei Debrecen erforderte sofortigen Einsatz. Die Panzerteile wurden im Raum Szolnok verladen, konnten aber mangels SSymswagen, die im Pendelverkehr fahren mussten, nicht alle rechtzeitig im Bereitstellungsraum eintreffen. Die zur Ausladung kommenden Teile marschierten sofort in den Bereitstellungsraum, um wenige Stunden später zum Angriff anzutreten. Die am nächsten Tage ankommenden Panzer wurden ebenfalls zu einer Kampfgruppe zusammengefasst und alle anderen Division unterstellt, sodass die Abteilung in zwei Kampfgruppen bei verschiedenen Divisionen an verschiedenen Tagen zum Einsatz kam … Beide Einsatzgruppen waren außerordentlich erfolgreich. So konnten von 19.10.44 bis zur Wiedervereinigung am 23.10.44 120 PaK und 19 Geschütze vernichtet werden. Der sehr zähe und standhafte Gegner (Strafbataillon) wurde durch energisches Zupacken stärkstens erschüttert und die rückwärtigen Verbindungen durch Vernichtung etlicher Kolonnen und eines Transportzuges in helle Verwirrung gebracht, was am Ende das Abziehen der russischen 6. Armee aus dem Raum Debrecen bewirkte. Die gesamte Einsatzstrecke von ca. 250 km wurde ohne wesentliche technische Ausfälle zurückgelegt. Der Tiger II hat sich in diesen Kämpfen sowohl panzerungsmäßig als auch technisch bestens bewährt. Wagen, die bis zu 20 Treffer erhielten ohne auszufallen, waren keine Seltenheit.

In diesen Wochen wie auch in den folgenden bis heute ist der Abteilung trotz laufender dringender Vorstellungen keine Zeit zum technischen Dienst gegeben worden. Teils lag es an der Lage, zum Teil aber auch an dem mangelnden Verständnis der vorgesetzten Dienststellen, die immer nur zwei Fragen stellen: „Wieviel haben sie einsatzbereit? Und: „Wie viele bekommen sie in den nächsten Tagen fertig?" Trotzdem waren bis zum 30.10. durchschnittlich 25 bis 30 Panzer im Einsatz.

Am 31.10. rollte die Abteilung zum neuen Einsatz in den Raum Kecskemet, um im Rahmen des

Dieser Tiger Ausf. B wurde in der Nähe des Herstellerwerks in Kassel fotografiert. Er zeigt die im Werk aufgebrachte Licht- und Schattentarnung. Wieder fehlen die Kettenabdeckungen. Vermutlich wird das Fahrzeug gerade eingefahren. (Gruber)

Ein eindrucksvolles Bild. Soldaten posieren vor einem Tiger Ausf. B einer unbekannten Abteilung. Die Größe des Fahrzeuges wird hier deutlich, besonders das lange Geschützrohr. (Anderson)

LVII. PzKorps die russischen Stoßkeile auf Budapest aufzufangen. In sehr schwerem, teils versumpftem und ausgesprochen panzerungünstigem Gelände begannen sich schlagartig Schäden zu zeigen, besonders an Antriebskränzen, Ketten, Kettenspannern und Lüftern. Das führte binnen weniger Tage in Ermangelung von Ersatzteilen, die rechtzeitig angefordert, aber nicht zeitgerecht und unvollständig angeliefert wurden, zum technischen Ausfall der Masse der Abteilung. Infolge mangelnder Zugmittel wurde die Abteilung vor die Entscheidung gestellt, entweder die sich vor der HKL befindlichen Schadpanzer zu sprengen oder diese mit den noch einsatzbereiten Tigern zu bergen. Naturgemäß traten nun auch bei den zum Schleppen eingesetzten Wagen technische Schäden auf. Nur durch rechtzeitiges und vorbereitetes Verladen der Panzer im letzten Augenblick auf die Bahn konnte die Abteilung größeren Verlusten an PzKpfw entgehen. Die nunmehr noch wenigen einsatzbereiten Panzer wurden von Division zu Division verschoben und durch unsachgemäßen Einsatz vor Aufgaben gestellt, die nicht durchführbar und untragbar waren …

… Im Kampf Panzer gegen Panzer ist die Wirkung der 8,8-cm-KwK 43 gegen alle Feindpanzer-Typen einschließlich Stalin bis 1.500 m vernichtend. T-34 und T-43 können auch auf Entfernungen bis 3.000 m bei günstigen Schussbedingungen abgeschossen werden. Oft war, wie auch im Westen, festzustellen, dass die russischen Panzer den Tigern ausweichen bzw. nach Abschuss der ersten Panzer abdrehen. Für Sturmgeschütze gilt dasselbe wie für den Stalin. Abschüsse über 1.500 m sind noch nicht vorgekommen.

Zusammenfassend ist zu sagen, dass der Tiger II sich in jeder Weise bewährt hat und eine vom Feind gefürchtete Waffe ist, dass der Tiger-Verband geschlossen und taktisch richtig eingesetzt immer durchschlagenden Erfolg bringt, dass aber von den meisten Vorgesetztendienststellen die technischen und taktischen Belange einer Tiger-Abteilung nicht berücksichtigt werden."

Dieser Erfahrungsbericht zeigt ein weiteres Mal, dass der zusammengefasste Einsatz der Tiger-Abteilung, wie ihn die deutschen Einsatzgrundsätze vorsehen, eher die Ausnahme

als die Regel war. Die dünnen deutschen Linien mussten mit allem verstärkt werden, was gerade vorhanden war. Die Reste abgekämpfter Panzer- und Infanteriedivisionen wurden zu Kampfgruppen zusammengelegt. Wo Tiger vorhanden waren, wurden diese zugweise auf Kampfgruppen aufgeteilt, oft genug mussten einzelne Panzer in den Einsatz fahren. Der Bericht des Kommandeurs belegt aber auch, dass die Tiger Ausf. B seiner Einheit sich in jeder Hinsicht hervorragend bewährten, wenn auf ihre technischen Unzulänglichkeiten Rücksicht genommen wurde.

Die Besatzung dieses Tigers, vermutlich ein Fahrzeug der s PzAbt 501, scheint die letzte Herbstsonne zu genießen. Die breite Kette und das Schachtellaufwerk sind gut erkennbar. Die Kettenabdeckungen fehlen vollständig. (Anderson)

Die letzten Kriegsmonate

Der Krieg war lange verloren, daran konnten auch die außergewöhnlichen Leistungen der schweren Panzerabteilungen mit ihren Königstigern nichts mehr ändern. Verlässliche Berichte aus den letzten Kriegsmonaten sind überaus selten. Einer der letzten Einsätze der s PzAbt 503 wurde von Kadetten der Österreichischen Militärakademie analysiert, Auszüge:

„... Am frühen Morgen des 21.4.1945, noch bei Dunkelheit und den Morgennebel ausnützend, bricht ein russischer Panzerverband mit etwa 20 Panzern und aufgesessener Infanterie westlich von Altruppersdorf durch. Die Russen überrennen den Divisionsgefechtsstand der 13. PzDiv (nun PzDiv „FHH" 2), und stoßen weiter nach Westen vor.

Vermutlich auch ein Fahrzeug der s PzAbt 501. Die Königstiger waren äußerst schwer zu bekämpfende Gegner. Viele Panzer wurden von den eigenen Besatzungen gesprengt, nachdem sie infolge Kraftstoffmangels oder durch leichte Schäden bewegungsunfähig geworden waren. (Hoppe)

Gegenstoß! Zwei Tiger Ausf. B, vermutlich von der s PzAbt 503, rollen im Winter 44/45 dem Gegner entgegen. Die kyrillischen Hinweisschilder belegen, dass dieser Abschnitt bereits von Russen besetzt wurde. (Kadari)

Der Kommandant der in Altruppersdorf liegenden s PzAbt 503, Hauptmann von Diest-Körber, wird alarmiert. Er formiert seine Panzerabteilung, die nur noch aus 5 Königstigern besteht, und begibt sich nach Westen, hinter dem durchgebrochen Feind her. Hier verstärkt er seine schwere Panzerabteilung mit einigen Panzerhaubitzen (Wespe), die in einem Dorf halten und weiteren 3 gerade aus der Werkstatt entgegenkommenden Tigern … Am westlichen Ortsausgang von Neudorf lässt Hauptmann Diest-Körber halten, um sich im Gelände zu orientieren. Er erteilt dem Ordonnanzoffizier Lt Rubbel den Auftrag, in einer Gefechtsaufklärung festzustellen, wo die feindlichen Panzer geblieben sind. Die Panzer sind klar zum Gefecht und fahren in Reihe Richtung Nordwest. Plötzlich bemerkt Lt Rubbel Kettenspuren von T-34 und schweren Kampfpanzern Josef Stalin …

Leutnant Rubbel überquert die Bahnlinie ostwärts Rothenseehof und lässt zum „Keil" entwikkeln. Es ist später Vormittag, als sie plötzlich unter Feuer genommen werden. Die Russenpanzer sind im Wald ca. 1.000 bis 1.500 m von Mitterhof in Stellung gegangen. Ein Frontalangriff wäre sinnlos. Sie setzen zurück und gehen beiderseits eines großen Wirtschaftsgebäudes in Stellung. Lt Rubbel wartet am Mitterhof auf das Eintreffen der weiteren Tiger, um die Russen anzugreifen. Hptm Diest-Körber trifft auf dem Mitterhof ein und lässt die restlichen Tiger rechts von Lt Rubbel in Stellung gehen. Plötzlich bricht die russische Panzergruppe mit aufgesesser Infanterie in östlicher Richtung aus dem Waldstück heraus. Es entwickelt sich ein Panzergefecht, das zu einem Scheibenschießen für die Tiger wird. Die s PzAbt 503 schießt ohne eigene Verluste zehn Panzer ab, acht weitere werden in der Verfolgung zerstört. Von den restlichen Panzern werden noch ein Paar beim Überqueren der dünnen deutschen Linien von PaK erledigt."

Die Österreicher Kadetten kommen zu dem Schluss, dass die Sowjets die Entschlossenheit der deutschen Truppen und deren relative Kampfstärke unterschätzt hatten. Dank ihrer

Feuerkraft und Panzerung zeigen sich die Tiger Ausf. B den russischen Panzern überlegen.

Im Westen, wo die Alliierten den modernen Bewegungskrieg par Excellence durchführen, ist die Situation noch aussichtsloser. Wo immer Engländer oder Amerikaner einen Panzerangriff planen, wird dieser mit Luft- oder massierten Artillerieschlägen vorbereitet. Wenn deutsche Verbände einen Gegenangriff starten, wird dieser auf ähnliche Art zerschlagen.

Der vielleicht letzte Einsatz von Tigern wird in den persönlichen Erinnerungen des Unterscharführers Diers geschildert. Diers führte einen Tiger Ausf. B der s SS PzAbt 503, Turmnummer 314, in den Straßen von Berlin:

„19. April 1945
SS-Panzerabteilung 503 – Bereitstellung bei Bülow. Beschädigung der Kette, Treffer an Kanzel und Turm durch JS-122. Vorher Abschuss von 13 Panzern in ca. 19 Minuten durch Notabfeuerung. Wir standen an den schwarzen Bergen, hinter uns lag Klosterdorf …

20. April 1945
Zurück in die Werkstatt nach Hünow bei Müncheberg, da Ketten-Schaden. Schweißen des Turmes, dann Brand in Panzer mit Tetra-Flüssigkeit gelöscht. Dadurch Beschädigung der Optik und der Waffen im Kampfraum.

21. April 1945
Nachts Alarm wegen Durchbruch der Russen. Abmarsch nach Berlin mit einem Panzer im Schlepp, zu Werkstatt Krupp & Druckemüller.

22. April 1945
Reparatur unseres Panzers.

23. April 1945
Einsatz in Siemensstadt und Marienfelde.

24. April 1945
Frühmorgens am Köpenick nach Neukölln über die Teltow-Kanalbrücke, Abschuss JS-122 auf der Brücke. Es war der beste Abschuss des Richtschützen, da im Visier nur das linke Seitenvorgelege sichtbar war. Es war von dem eingesetzten Kommandanten der 49. Abschuss. Ausfall der Bordsprechanlage, Verständigung des Fahrers nur mit Bindfaden.

Ratlos stehen diese amerikanischen Soldaten vor einem verlassenen Tiger. Vermutlich haben sie den Auftrag, den Panzer zu bergen. Der Wrecker im Hintergrund wird zweifellos nicht reichen, um den schweren Panzer abzuschleppen. Weitere Fotos zeigen, dass der Panzer noch fahrbereit war.
(US Signal Corps)

25. April 1945
Schlacht in Neukölln beginnt. Der Russe versucht, über die Bergstraße und Berliner Straße zu kommen. Der vor der Post eingegrabene Panzer wird restlos zusammengeschossen. Nachmittags ist unser Kommandant verwundet … Es gelang uns, die Russen wieder zurückzuschlagen und den alten Zustand wiederherzustellen. Dabei schossen wir mehrere Panzer ab. Nach Abschuss von weiteren drei Panzern in der Nähe der Jahnstraße Rückkehr zum Hertie-Platz.

29. April 1945
Verlegung zum Potsdamer Platz Richtung Sandstraße. Auf der anderen Straßenseite Panzer von Turk, mit schwerer Artillerie schießt sich der Iwan auf den Potsdamer Platz und das Regierungsviertel ein. Mit Panzern versuchte er, vom Anhalter Bahnhof aus durchzukommen, was jedoch nicht gelingt. Wir schießen einen JS-122 ab, der hinter dem Haus Vaterland hervorkommt.

30. April 1945
Befehl zum Reichstag über Funk nachmittags. Der Panzer von Turk bleibt am Potsdamer Platz … Das Reichstagsgebäude war schon ziemlich zerbombt, ausgebrannter Plenarsaal. Auf der Eingangsseite sehen wir zur Kroll Oper hinüber, und rechts von uns stand eine große Anzahl T-34, wohl 30 Stück, mit Rohr auf das Reichstagsgebäude. Nach genauer Einweisung der Besatzung haben wir den Sprung um die Ecke gewagt und gegen diese große Zahl das Feuer aufgenommen …“

Der Krieg in Europa war beendet.

Einige schwere Panzerabteilungen waren mit Faun LK 5 Drehkran-Lkw ausgerüstet. Mit seiner Tragkraft von 10 t konnte der Turm eines Tigers abgehoben werden. Die Kranwagen waren wesentlich beweglicher als die großen Portalkräne.
(Anderson)

Nach dem Einsatz

Die Einführung der schweren Panzer stellte Nachschub und Instandsetzung vor große Probleme. Geeignete Bergefahrzeuge waren 1942/43 nicht verfügbar. Wie kamen die schweren Panzerabteilungen damit zurecht?

Dieser Tiger einer unbekannten Abteilung ist seitlich in einen Graben abgerutscht, vermutlich ein Unfall auf dem Marsch. Das Innere des Panzers ist sicherlich geflutet, die Reparatur wird entsprechend aufwendig gewesen sein.
(Anderson)

Instandsetzung

Panzer wie der Tiger Ausf. E waren komplexe Waffensysteme. Naturgemäß litt das neue Waffensystem an vielen Kinderkrankheiten. Der starke Druck seitens der politischen Führung, den Tiger frühestmöglich und um jeden Preis an die Front zu schicken, sollte seinen Tribut fordern. Im scharfen Einsatz in der Hitze der Wüste und im Schlamm der Ostfront zeigten sich die Grenzen des neuen Panzers schnell. Viele Komponenten waren den Anforderungen nicht gewachsen. Die Truppe leistete Übermenschliches, um mit den zahllosen Schäden klar zu kommen. In diesem frühen Stadium war jeder Einsatz riskant, bereits kleine technische Fehler konnten zum Ausfall des Fahrzeuges führen. Die Bergedienste hatten alle Hände voll zu tun, um ausgefallene Fahrzeuge vor dem Verlust zu bewahren.

Die Tiger benötigten ständige Pflege und Wartung, um ein hohes Maß an Einsatzbereitschaft sicherzustellen. Später im Kriege sollten die Instandsetzungsdienste der schweren Panzerabteilungen von einem Tag Wartung auf je zwei bis drei Tage Einsatz ausgehen. Die Instandsetzung musste in der Lage sein, einen beschädigten Panzer an Ort und Stelle zu reparieren. Wenn das nicht gelang, war der Panzer zu bergen.

Eine der ersten Einheiten, die mit dem PzKpfw Tiger ausgestattet wurden, war die s PzAbt 501. In einem Erfahrungsbericht vom 18.3.1943 erläutert Major Lueder das Zusammenspiel der für Wartung, Bergung und Reparatur verantwortlichen Teileinheiten:

„… Instandsetzung:
Organisation der Instandsetzungs-Dienste
Als Instandsetzungsbasis wird ein Zug der Werkstattkompanie ortsfest angesetzt. Dieser Zug muss unter Berücksichtigung einer guten Tarnungsmöglichkeit auf jeden Fall in der Lage sein, seine schweren Hebezeuge ansetzen zu können. Daher ist fester Boden Grundbedingung. Gedeckte Hallen sind vorteilhaft für Großinstandsetzungen und insbesondere für Schweißarbeiten in der Nacht. Die sogenannten Arbeitszelte sind hier nur ein schlechter Notbehelf. Die zur Verfügung stehenden Arbeitszelte (12 Mann Zelte) sind für Tiger-Instandsetzungen unzureichend. Dieser eine Werk-

stattzug wird solange ortsfest an einem Ort belassen, bis die Bergewege für schwer beschädigte Tiger zu lang werden, bzw. die Einheit in einen entsprechend zu weiten Kampfabschnitt kommt.

Die Inst-Dienste im Einsatz:
Zum Einsatz werden mit dem Zeitpunkt des Angriffsbeginns alle Inst-Dienste unter Leitung eines Instandsetzungsstabes zusammengefasst, der mit den Kampfstaffeln Funk- und Kradmelderverbindung hat. Den Kampfstaffeln jeder Kompanie folgen direkt Instandsetzungs-Hilfstrupps mit den hauptsächlichsten Ersatzteilen für die erste Hilfe. Zu ihrer Beweglichkeit werden gepanzerte Beute-SPW vorteilhaft verwendet.

Das Gros der Inst-Dienste, dem Arbeitsgruppen der Werkstattkompanie und ein Teil des Bergezuges beigegeben werden, folgt in Höhe des Gefechtstrosses I. Die schwer beweglichen Teile der Werkstattkompanie folgen in Höhe des Gefechtstrosses I, solange es die Kampfhandlungen und Straßenbeschaffenheit zulassen. Hier befindet sich die zentrale Ersatzteilreserve …

Die Instandsetzung
… Im Einsatz werden die leichteren Arbeiten wie Laufwerkschäden, Kettenabwürfe usw. durch die direkt folgenden Panzerwarte des Hilfstrupps erledigt. Bei leichten Schäden an Motor und Getriebe wird vom Inst-Stab ein Spezialist eingesetzt. Treten schwere Schäden ein, die jedoch ohne Zuhilfenahme vom schwerem Hebezeug und in einigen Stunden behoben werden können, wird eine Arbeitsgruppe des Gros eingesetzt.

Erfordern die Arbeiten den Einsatz von schwerem Hebezeug, oder liegt der betreffende Tiger unter Feuer, muss der Panzerkampfwagen in Deckung geschleppt werden, die den Einsatz der Hebezeuge auch bodenmäßig ermöglicht …

Wird der Kampfabschnitt, in dem der Ausfall eintrat, nicht gehalten, muss der schwer beschädigte Tiger zurückgeschleppt werden. An einem absolut feindsicheren Platz kann dann die Instandsetzung durchgeführt werden, auch wenn sie 1 - 3 Tage dauert (Motoren-, Getriebe-, Kraftstofftank-, Kühlerwechsel usw.). Sind keine Ersatzteile vorhanden, muss der Panzerkampfwagen zur ortsfesten Werkstatt weiter geschleppt werden. Befindet sich in dieser Werkstatt ein Tiger, bei dem das fehlende Ersatzteil betriebsfertig vorhanden ist, ist es zweckmäßig, dieses Teil hier auszubauen und in

Brücken stellten für die schweren Panzer ein besonderes Problem dar. Dieser Wagen der s PzAbt 510 ist eingebrochen, größere Beschädigungen sind nicht zu erkennen. Den Bergediensten stand eine Menge Arbeit bevor, der Panzer musste seitlich heraus bewegt werden, um dann über die Böschung wieder auf die Straße zu kommen. (Hoppe)

Der Tiger konnte vermutlich aus eigener Kraft nach rechts schwenken. Der größte Teil der Arbeit scheint getan, der Panzer wird bald wieder flott sein. (Hoppe)

Dieser Tiger der s PzAbt 507 scheint auf eine Mine gefahren zu sein. Das Treibrad, die Kette und Teile des Laufwerks fehlen. Möglicherweise ist der Tiger bereits ein Stück geschleppt worden. Eine Reparatur an Ort und Stelle wäre möglich, wenn mehrere Tonnen Ersatzteile herangeschafft werden. (Kadari)

Man glaubt, die Motoren der schweren Zugkraftwagen zu hören! Ein defekter Tiger (Wagen 114, Lt Rubbel, s PzAbt 503) wird zur Werkstatt geschleppt. Zwei der äußeren Laufrollen fehlen, was jedoch keine Behinderung darstellte. (Rubbel)

den beschädigten Tiger einzubauen. Damit wird auf jeden Fall das weitere Abschleppen des im Einsatz ausgefallenen Tigers vermieden …

Hauptgrundsatz für die Tiger-Instandsetzung ist

1. Instandsetzung am Ort des Ausfalls,

2. Mitführung von zumindest einem Ersatzmotor und einem Ersatzgetriebe.

Bergung eines ausgefallenen Tigers

Normales Abschleppen eines auf Straße oder im Gelände auf festem Boden liegengebliebenen Tigers kann gut mit zwei Zugmaschinen erfolgen. Der Tiger wird mit Abschleppstangen starr an die Zugmaschine gehängt. Die Kraft einer 18 t Zugmaschine reichte ohne weiteres hin, einen Tiger zu ziehen. Längere Abschleppwege sind jedoch mit einem ZgKw nicht zu bewältigen, da der Tiger die Zugmaschine wegdrückt. Aus diesem Grunde muss ein zweiter ZgKw mit Seil vorgespannt werden … Beim Abschleppen eines Tigers über eine Bergstraße mit starkem Gefälle und abschüssigen Kurven ist die Belastung des Tigers mit einem angehängten schweren Kfz (am vorteilhaftesten ein PzKpfw III) unerlässlich, da sonst der Tiger bei der Abfahrt unweigerlich und trotz der vorgespannten zwei ZgKw seitlich abdrückt.

Hat der abzuschleppende Tiger Kettenschaden und lässt sich die Kette vor dem Abschleppen nicht wieder auflegen, ist es zweckmäßig, auch die zweite Kette abzunehmen und den Tiger nur auf den Laufrollen laufen zu lassen. Auf diese Weise ist auch Bergung auf Strecken über 100 km gelungen. Die Grundregeln betreffend des Entkuppelns der Gelenkwellen sind zur Vermeidung von Beschädigungen des Schalt- und Lenkgetriebes streng zu beachten. In weichem Boden abgesackte Tiger lassen sich von der Straße aus mit zwei ZgKw leicht herausspillen. Es ist auch gelungen, abgesackte Tiger durch einen PzKpfw III aus weichem Gelände herauszuziehen.

Ebenfalls gelingt es auch ohne Weiteres, ausgefallene Tiger aus feindbedrohtem Gelände über Strecken von 1–3 Kilometer durch einen PzKpfw III zu bergen, ohne Rücksicht auf eventuell vorhandene Laufwerk- oder Kettenschäden. Hierbei ist es anzustreben, diese Bergung auf die kürzesten Strecken zu beschränken, da die Lenkbremsen des PzKpfw III zu sehr beansprucht werden. Tiger mit Tiger abzuschleppen, ist bisher noch nicht zufriedenstellend gelungen, da hierzu das geeignete starre Abschleppgerät fehlt, bzw. die Anhängevorrichtung am Heck des Tigers unbrauchbar ist. Die Abschleppstangen, besonders das Herzstück der ZgKw-Ausstattung, lässt sich nicht an die Anhängevorrichtung des Tiger ansetzen, da diese Teile nicht passen. Die Notwendigkeit der Bergung eines Tigers durch Tiger wenigstens über kurze Strecken ist gegeben, sofern der ausgefallene Tiger unter feindlichem Artilleriefeuer liegt und ZgKw zur Bergung nicht angesetzt werden können.

Die Kupplungen der ZgKw sind jedoch für die Dauer zum Abschleppen von Tigern zu schwach, sie reißen. Ebenso ist die hintere Quertraverse nicht genügend stark und auch nicht genügend stark mit den Längstraversen verbunden.

Beurteilung des Hebegeräts

Der Portal-Kran 15 t: Auf den Straßen Tunesiens, auch auf den Gebirgsstraßen lässt sich der 15 t Portal-Kran gut transportieren. In kurvenreichen Gebirgs-Engpässen wird jedoch dem Fahrer des ziehenden Kfz äußerstes Geschick abverlangt. Hebetechnisch ist dieser Kran besonders für Arbeiten des ortsfesten Werkstattzuges sehr gut geeignet.

Der 10 Tonnen Kran Faun hat sich als unentbehrlicher Helfer für Turmarbeiten an im Gelände ausgefallenen Tigern erwiesen. Auf trockenem Gelände kann er überall herangefahren werden. Er ist in der Lenkung sehr empfindlich und muss deshalb in besonders schwierigem Gelände mit einem ZgKw an den Lagerort des Tigers herangeschleppt werden. Dieser Kran ist zunächst das einzige Mittel, mit dem der Turm eines Tiger abgehoben werden kann, sofern der 15 t Portal-Kran wegen Geländeschwierigkeiten nicht angesetzt werden kann.

Ein weiterer Tiger einer unbekannten schweren Panzer-Abteilung im Schleppzug. Dank des festen, trockenen Bodens reichten zwei Zugmaschinen aus, um den Panzer abzuschleppen. Auf aufgeweichtem Untergrund konnten bis zu vier Famos nötig sein. Dem Tiger fehlt die gesamte Auspuffanlage. (Münch)

Der schwere Zugkraftwagen 18 t (SdKfz 9) war ein äußerst leistungsstarkes und robustes Fahrzeug, dessen Geländegängigkeit und Zugkraft legendär waren. Dieses Fahrzeug ist ein späteres Baulos, erkennbar an der massiven Stoßstange und den kleineren Kotflügeln. (Münch)

Hier ziehen drei s Zgkw 18 t (SdKfz 9) einen beschädigten Tiger. Die Berge-Züge mussten ihre wichtige Arbeit unter allen Umständen durchführen, damit die schweren Panzerabteilungen einsatzbereit blieben. (Münch)

Der Tiefladeanhänger 22 t *kann nur auf Straße und trockenem Gelände verwendet werden. Sobald das Gelände aufgeweicht ist, ist der Einsatz dieses Tiefladers nicht möglich, da er nirgends gewendet werden kann.*

gez. Lueder
Major und Abteilungskommandeur"

Major Lüder schilderte den Alltag der Instandsetzungs-Einheiten so, wie er ihn in Nordafrika erlebt hatte. Die Situation in Russland war deutlich schwieriger. Feste Straßen waren im Allgemeinen nicht verfügbar, für jede längere Strecke musste auf die Bahn zurückgegriffen werden.

Major Schwaner, der Kommandeur der s PzAbt 502 in seinem technischen Erfahrungsbericht für die Zeit vom 22.6. bis 10.8.1944:

„Die Abteilung verfügt über PzKpfw VI vom Typ E.

Die achtwöchige Auffrischungszeit in den Räumen Ostroff-Pleskau von Ende April bis Mitte Juni ermöglichte eine großzügige Instandsetzungsaktion, die sich auch auf Arbeiten erstrecken konnte, die in Einsatzzeiten nicht möglich waren, so z.B. Generalüberholung der Laufwerke, Reinigung der gesamten Kühl- und Kraftstoffanlage, Durchsicht und Einstellung der Motoren, Getriebe, Turmantriebe und Bremsanlage. Die Pz-Ersatzteillage war durch die lange Ruhe gefestigt. Der erforderliche Bedarf an Pz-Ersatzteilen konnte auf dem Nachschubwege gedeckt werden, abgesehen von den Engpassteilen wie Schrauben, Muttern und Sicherungsbleche für Laufwerke, sowie Rollenlager für Laufräder, Naben für Zusatzräder, Schwerspannstifte für Antriebsräder und Hochschulterkugellager für Bremshalter, die seit Monaten schon nicht in dem den Verbrauch entsprechendem Maße nachgeführt wurden.

Der Marsch zum Einsatz am 22.6. fand bei Nacht und Regenwetter statt. Die aufgetretenen Schäden - ein Motorbrand, ein Lüfterwellenbruch

Dieses Bild aus einer Dienstvorschrift zeigt das vorschriftsmäßige Ankuppeln eines abzuschleppenden Tiger mittels der schweren Abschleppstangen. Der Turm des Panzers ist auf 6 Uhr geschwenkt. (Anderson)

sowie das Abreißen der Schrauben einer Zwischenwelle waren unbedeutend und konnten von den Inst-Diensten in kürzester Zeit behoben werden. Laufwerkschäden traten trotz Marschstrecken von 30 bis 50 km Entfernung nicht auf.

Der Einsatz selber brachte im wesentlichen Ausfälle durch Beschuss. Technische Schäden, wie Abreißen von Laufrollen und Bandagen, Abscheren der Zwischenwellenschrauben, Auflaufen der Ketten sowie Motorbrände hervorgerufen durch Reißen der Betriebsstoffleitung bei Beschuss, konnten aufgrund der Ersatzteillage schnell behoben werden.

Bei Verlegung von zwei Kompanien der Abt in den Raum Dünaburg waren 85% der PzKpfw einsatzbereit. 1. Kp war bereits im Raume südlich Idriza im Einsatz …

Die technischen Ausfälle der ersten Einsatztage im Raum südlich Dünaburg konnten ersatzteilmäßig und arbeitstechnisch von den Inst-Diensten voll bewältigt werden. Als jedoch dann Tagesmarschleistungen von 80 bis 100 km Gesamtstrekke bei größter Hitze von den PzKpfw VI (Tiger) taktisch gefordert wurden, war es den Inst-Diensten trotz Tag- und Nachtarbeit nicht mehr möglich, die ungeheure Anzahl der technisch ausgefallenen Wagen laufend instandzusetzen. Die Konstruktion des Laufwerkes gestattet derartige Gewaltmärsche nicht. Die Bandagen der inneren Laufrollen lösen sich bei starker Beanspruchung sehr rasch ab, was für die übrigen Laufrollen eine Mehrbelastung bedeutet. Diese verschleißen dann auch sehr schnell, vor allem bei Märschen zu heißen Tageszeiten. Märsche ohne oder mit stark beschädigten Bandagen haben nach kurzer Zeit Zerstörungen von Laufrollen, Laufrollenlagern sowie Schwingarmen zur Folge. Durch die harten Schläge brechen die Stoßdämpferschwingarme besonders häufig. Ein derart beschädigter PzKpfw VI benötigt selbst bei Vorhandensein sämtlicher erforderlicher Ersatzteile eine Instandsetzungszeit von 30 - 36 Stunden. Bei Anbruch eines hinteren Stoßdämpferschwingarmes muss in jedem Fall der Motor ausgebaut werden. Ein großer Teil der Laufwerksteile sind Engpassteile und konnten der Abt nicht zugeführt werden.

Der Motor des PzKpfw VI (Tiger) ist thermisch auf das Höchste beansprucht (zehn PS pro Tonne, dagegen Sturmgeschütz 15 PS pro Tonne) und hat daher nur eine sehr beschränkte Lebensdauer. Oben angeführte Tagesmärsche bei Temperaturen bis zu 35° C sind daher technisch nicht vertretbar. Trotz Umstellung der Lüfter auf erhöhte Drehzahl war die Kühlung bei dieser hohen Beanspruchung nicht ausreichend. 75% der marschierenden PzKpfw VI fielen aus durch Motorbrand, der im wesentlichen auf Ölverlust der Motoren und Vergaserstörungen (Vergaserbrand) zurückzuführen ist.

Es entstanden folgende Motorschäden durch die Motorbrände: die Mittelzerstäuber zerschmelzen vollständig, in zwei Fällen waren die Drosselklappen angeschmolzen, es verbrannten dabei ferner die Kühlwasser-Verbindungsschläuche sowie die Gummidichtungen zwischen Vergaser und Luftfilter; die Zündkabel sowie Hauptkabel für An-

Auch dieser Tiger Ausf. E der sPzAbt 507 wird auf einer festen Straße abgeschleppt. Die typischen Turmnummern und das Abteilungswappen, ein den Hammer schwingender Schmied, sind gut zu erkennen. (Anderson)

Es war vorteilhaft, wenn festgefahrene Panzer sich selbst befreien konnten. Zu diesem Zweck wurde oft ein schwerer Balken mitgeführt. Fest mit der Kette verbunden, wurde der Kletterbaum unter dem Fahrzeug durchgezogen und gab dem Laufwerk so wieder Halt. (Anderson)

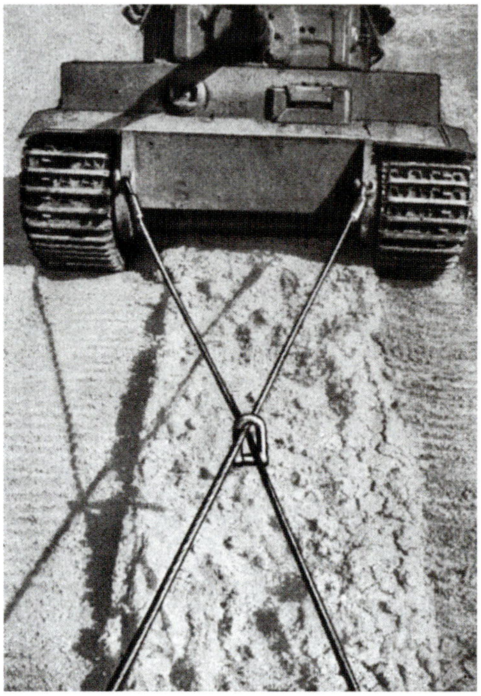

Beim Abschleppen eines festgefahrenen Tigers durch einen anderen Tiger wurden die Abschleppseile gekreuzt. Ein Schäkel im Seil-Kreuzungspunkt verhinderte das Auffahren auf das in der Kurve durchhängende Seil. (Anderson)

lasser waren in den meisten Fällen so schwer beschädigt, dass ein Auswechseln erforderlich wurde. Dem guten Arbeiten der automatischen Löschvorrichtung ist es zu verdanken, dass keine stärkeren Brandschäden auftraten.

Die hohe und lange Beanspruchung der Olvar-Getriebe bei großer Hitze hatte eine Ölverdünnung in untragbaren Grenzen zur Folge, die zu Schaltverzögerungen und teilweise sogar Aussetzen einzelner Schaltzylinder führte. Häufig auftretende Schaltverzögerung haben Schäden von Getriebeaggregaten zur Folge, die ein Abschleppen des PzKpfw erforderlich machen. Die Einsätze im Raum Dünaburg haben durch Beschuss hauptsächlich Schäden am Seitenvorgelege, Leit- und Antriebsrädern sowie Laufrollen gezeigt.

Durch die oben aufgeführten Gewaltmärsche trat bei der Abt ein noch nie dagewesener Verbrauch (50 bis 60 Tonnen) an allen Ersatzteilen auf. Mit dem vorhandenen Ersatzteilvorrat konnten die Inst-Dienste die ersten acht Tage ohne wesentliche Schwierigkeiten arbeiten. Trotz weitsichtiger Planungen in der Ersatzteilbeschaffung war es der Abt nach kurzer Zeit nicht mehr möglich, die PzKpfw kurzfristig instandzusetzen. Außerordentlich hemmend für die Instandsetzung der PzKpfw VI wirkte noch die Verlegung des Pz-Ersatzteillagers A von Riga nach Königsberg und Wenden, sowie die Sperrung jeglicher Einzeltransporte innerhalb der Heeresgruppe Nord. Ein Transport von zwei Waggons dringend benötigter Tiger-Ersatzteile war von Riga nach Kreuzburg trotz ständiger Reklamation 14 Tage unterwegs.

Der allerdringendste Bedarf an Tiger-Ersatzteilen wurde zur Überbrückung dieser Transportschwierigkeiten durch diverse Lkw-Transporte der Abteilung herbeigeschafft. Bezüglich der Bestellung von SSyms-Waggons zur Tiger-Verladung gestaltete sich die Zusammenarbeit mit dem BvTO der 16. Armee gut.

Durch die Verlegung im Verlauf der Absatzbewegung von Dünaburg in einen Raum ohne Bahnverbindung wurde die Abteilung vor eine neue Schwierigkeit gestellt. Ein Abschieben der schwer beschädigten PzKpfw ins rückwärtige Gebiet war durch das Fehlen der Bahnverbindung nicht mehr möglich.

Bei Beginn der Absetzbewegungen hatten drei PzKpfw VI derartige Schäden (Motor, Getriebe und Laufwerk), dass eine kurzfristige Instandsetzung nicht möglich war. Die drei Wagen mussten geschleppt werden. Weitere drei PzKpfw konnten vor dem Rückzug soweit hergerichtet werden, dass sie der Abt zunächst mit eigener Kraft folgen konnten. Durch die erste Rückverlegung der HKL war ein Absetzen der Werkstatt um 45 km erforderlich. Während des zweitägigen Aufenthaltes war es der Werkstatt in Tages- und Nachtarbeit möglich, die in erneutem Einsatz und auf den Märschen ausgefallenen PzKpfw instandzusetzen. Bei dem nächsten Absetzsprung musste die Werkstatt um weitere 55 km zurückgenommen werden. Da

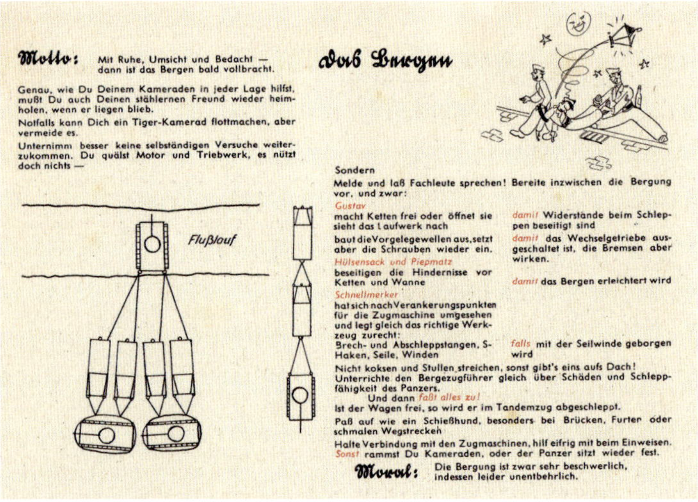

Motto: Mit Ruhe, Umsicht und Bedacht — dann ist das Bergen bald vollbracht.

Das Bergen

Genau, wie Du Deinem Kameraden in jeder Lage hilfst, mußt Du auch Deinen stählernen Freund wieder heimholen, wenn er liegen blieb.

Notfalls kann Dich ein Tiger-Kamerad flottmachen, aber vermeide es.

Unternimm besser keine selbständigen Versuche weiterzukommen. Du quälst Motor und Triebwerk, es nützt doch nichts —

Flußlauf

Sondern

Melde und laß Fachleute sprechen! Bereite inzwischen die Bergung vor, und zwar:

Gustav
macht Ketten frei oder öffnet sie sieht das Laufwerk nach — *damit* Widerstände beim Schleppen beseitigt sind

baut die Vorgelegewellen aus, setzt aber die Schrauben wieder ein. — *damit* das Wechselgetriebe ausgeschaltet ist, die Bremsen aber wirken.

Hülsensack und Piepmatz
beseitigen die Hindernisse vor Ketten und Wanne — *damit* das Bergen erleichtert wird

Schnellmerker
hat sich nach Verankerungspunkten für die Zugmaschine umgesehen und legt gleich das richtige Werkzeug zurecht:
Brech- und Abschleppstangen, S-Haken, Seile, Winden — *falls* mit der Seilwinde geborgen wird

Nicht koksen und Stullen streichen, sonst gibt's eins aufs Dach!
Unterrichte den Bergezugführer gleich über Schäden und Schleppfähigkeit des Panzers.
Und dann *faßt alles zu!*
Ist der Wagen frei, so wird er im Tandemzug abgeschleppt.

Paß auf wie ein Schießhund, besonders bei Brücken, Furten oder schmalen Wegstrecken

Halte Verbindung mit den Zugmaschinen, hilf eifrig mit beim Einweisen. *Sonst* rammst Du Kameraden, oder der Panzer sitzt wieder fest.

Moral: Die Bergung ist zwar sehr beschwerlich, indessen leider unentbehrlich.

Auch die Tiger-Fibel gab Ratschläge zur Bergung ausgefallener Tiger. Im linken Schaubild ziehen vier Zugkraftwagen mit ihren Winden einen Panzer aus einem Flusslauf, die Zugmaschinen selber werden durch zwei Tiger gesichert.
(D 656/27)

die PzKpfw der Abteilung im ständigen Einsatz waren, stieg die Zahl der abzuschleppen PzKpfw auf neun. Während der dann folgenden dreitägigen Instandsetzungsmöglichkeit konnten neben neu ausgefallenen PzKpfw drei der zu schleppenden schwerstbeschädigten Wagen wieder einsatzbereit gemacht werden, sodass bei der nächsten Absatzbewegung über 45 km nur noch sechs PzKpfw zu schleppen waren. Es ergeben sich hierdurch für einige PzKpfw zwangsläufig Abschleppstrecken von mehr als 100 km. Es erlitten hierdurch die bereits stark beschädigten Laufwerke derart große Schäden, dass die Laufwerke bis auf einige mittlere Schwingarme vollständig erneuert werden mussten.

Beim Beginn der Absatzbewegung verfügte die Abteilung im Raum Dünaburg über acht einsatzbereite 18 t ZgKw. Eine von diesen fiel wegen Motorschaden aus und musste ebenfalls geschleppt werden, da eine Ersatzteilbeschaffung wegen Verlegung des ZEL (zentrales Ersatzteillager, der Verf.) von Mitau nach Königsberg bzw. Fernau nicht möglich war. Andere aufgetretene Schäden wie Ausreißen von Abschleppkupplungen, Rahmenstauchungen, Brüche von Leitradschwingarmen und Drehstäben sowie Kettenschäden usw. wurden von der Werkstatt selbst behoben. Die verbliebenen sieben ZgKw legten bei den Absatzbewegungen zusammen eine Abschleppstrecke von über 750 km zurück. Durch diese großen Beanspruchungen bedürfen die Laufwerke von vier Maschinen einer Generalüberholung, die zur Zeit aus Ersatzteilmangel jedoch nicht möglich ist.

Das Bergen von PzKpfw Tiger mit einsatzbereiten Tigern wurde nur in den Fällen durchgeführt, in denen 18 t ZgKw nicht in ausreichender Menge zur Verfügung standen und die taktische Lage ein sofortiges Bergen und Abschleppen unbedingt erforderte. Das Abschleppen von Tigern mit Tiger ist unzweckmäßig, da sich in den meisten Fällen bei den schleppenden PzKpfw VI sehr bald Schalt- und Lenkgetriebeschäden zeigen. Die Abteilung benötigt daher für Bergung von PzKpfw VI aus der HKL dringend die zustehenden zwei Bergepanther.

Die Pz-Ersatzteillage ist noch immer äußerst gespannt. Trotz ständiger Anforderungen sowie Anführungen in den Panzermeldungen wurden der Abteilung nicht ausreichende Mengen an Laufwerkteilen (vor allem sämtliche Laufwerksschrauben, komplette Leiträder, Zahnkränze, Zylinderrollenlager, verzahnte Schwingarme) sowie Lüfterwellen für HL 230, Schrauben für Zwischenwellen und Schwerspannstifte zugeführt.

Die Abteilung ist deshalb gezwungen, neben Auswechseln von Teilen aus schwer beschädigten PzKpfw Ersatzteile behelfsmäßig aufzufrischen bzw. selbst herzustellen, soweit das dazu erforderliche Rohmaterial vorhanden ist oder beschafft werden kann. Erhöhte Instandsetzungszeit ist eine selbstverständliche Folge.

Das technische Können der Fachkräfte der beiden Werkstattzüge, der Inst-Staffel sowie der Inst-Gruppen hat sich aufgrund der langen Erfahrung mit dem PzKpfw Tiger auch in den Einsätzen während der Berichtszeit wieder als außerordentlich gut erwiesen. Der Ausbildungsstand des technischen Ersatzpersonals war ausreichend. Bei dem vorhandenen Stamm des Werkstattpersonals konnte sich der Nachwuchs umfangreiche praktische Kenntnisse aneignen.

Dieses Bild zeigt das Bergen eines Tigers mithilfe von schweren Doppelflaschenzügen. (Anderson)

Nicht rollfähige Panzer konnten auf Abschlepp-Balken gesetzt werden und auf diesen abgeschleppt werden. (Anderson)

Für den Transport schwerer Panzer standen schwere Tiefladeanhänger mit 60 t Tragkraft zur Verfügung. Gut befestigte Straßen waren Voraussetzung für den Einsatz dieser Anhänger. (Anderson)

Die fahrbaren Portalkräne haben sich in Zeiten stabilen Frontverlaufs, in denen die Werkstätten lange am gleichen Ort arbeiten können, gut bewährt. In Zeiten des Bewegungskrieges bilden sie jedoch eine Belastung für die Abteilung, da bei Landmärschen Zugmittel dafür abgestellt und bei Bahntransporten Spezialwagen bereitgestellt werden müssen.

Der Ausbildungsstand der alten Fahrer der Abteilung ist durch den langen Einsatz der s PzAbt 502 gut. Ein großer Teil der Fahrer hat sich umfangreiche Erfahrungen und Kenntnisse in der Pflege und Instandsetzung der PzKpfw Tiger angeeignet. Dies ist vor allem darauf zurückzuführen, dass die Fahrer zu jeder Reparatur mit herangezogen wurden und auf diese Weise den Aufbau, die Wirkungsweise sowie die Schadensursache kennenlernen. In der Ruhezeit von Ende April bis Mitte Juni 1944 wurden die Fahrer und das technische Personal durch die technischen Offiziere der Abteilung über Aufbau und Wirkungsweise der verschiedenen Aggregate wie Motor, Getriebe und Lenkgetriebe eingehend geschult.

Die Nachwuchsfahrer aus der Heimat sind theoretisch ausreichend geschult, jedoch praktisch durchweg nicht in der Lage, den PzKpfw VI seiner hohen Empfindlichkeit entsprechend zu fahren. Eine praktische Nachschulung der Fahrer ist selbst in Ruhezeiten aus Kraftstoffersparnis und Ersatzteilgründen nicht möglich.

Verbrauch von Ersatzteilen im Zeitraum vom 22. Juni bis zum 10. August 1944

Verbrauch	*Erstausstattung für 40 Tiger*
7 Motoren HL 230	*4 Motoren HL 230*
9 Motoren HL 210	*–*
11 Getriebe komplett	*4 Getriebe komplett*
47 Antriebsräder	*8 Antriebsräder*
26 Leiträder	*4 Leiträder*
93 doppelte Laufrollen	*4 doppelte Laufrollen*
220 einfache Laufrollen	*80 einfache Laufrollen*
290 Bandagen	*80 Bandagen“*

Diesem Bericht ist nichts hinzuzufügen. Der außerordentlicher Aufwand, um eine Tigerabteilung im Einsatz zu halten, stellte eine große Belastung für die Einheit selbst und die Nachschubdienste dar. Der Vergleich der geplanten Sollausstattung an Ersatzteilen mit dem tatsächlichen Verbrauch an Ersatzteilen ist ebenso interessant. Die Inst-Staffeln waren gezwungen, zu improvisieren.

Hier ist ein solcher schwerer Tiefladeanhänger bei der Ersatzabteilung 500 im Einsatz. Der verladene Tiger Ausf. E war auf Flaschengas-Antrieb umgerüstet, eine Folge der allgemeinen Kraftstoffknappheit. (Anderson)

Bergung

Deutsche Panzereinheiten hatten Bergefahrzeuge als Teil ihrer integrierten Panzer-Werkstattkompanie (KStN 1187b). Diesen Kompanien wurden drei SdKfz 9 (s ZgKw 18 t) und ein SdKfz 9/1 (s Drehkrankraftwagen) zugewiesen. Diese Struktur war für ein Regiment gedacht, das mit PzKpfw III und IV ausgestattet war. Da die Zugkraft der s ZgKw für die leichteren Panzer ausreichend war, war deren Gesamtzahl relativ gering.

Die neuen Tiger-Einheiten waren anfangs mit derselben Struktur ausgestattet. Es sollte sich erweisen, dass die Bergezüge für die schweren Panzer nicht ausreichend bestückt waren. Leistungsfähige Bergepanzer waren nicht verfügbar, die Einheiten waren gezwungen, zu improvisieren.

Tiger, die unbeweglich in der HKL fest saßen, mussten um jeden Preis geborgen werden. Die offensichtlichste Lösung, einen beschädigten Tiger durch einen anderen Tiger abzuschleppen, war offiziell verboten. Der empfindliche Antriebsstrang der schweren Panzer konnte Schaden nehmen. Wie die meisten offiziellen Verbote wurde auch dieses in der Regel missachtet.

In der Praxis spielten sich unbeschreibliche Szenen ab. Um liegengebliebene Tiger zu bergen, mussten je nach Untergrund 3 bis 5 s ZgKw 18 t vorgespannt werden.

Im März 1943 wurden Panzerberge-Kompanien nach der KStN 1189 aufgestellt, diese Einheiten wurden von der Armee als Reserve gehalten. Die ersten beiden Züge waren zur Bergung leichter Panzer (PzKpfw III und IV und Sturmgeschütze) mit jeweils neun s ZgKw 18 t ausgerüstet. Der dritte Zug sollte der Unterstützung von Panther- und Tiger-Einheiten dienen. Laut Kriegsstärkenachweisung war dieser Zug mit neun SdKfz 20 (Bergeschlepper 35 t) und drei 65 t Schwerlastanhängern auszustatten. Tatsächlich kam es nie zur Produktion der Bergeschlepper, in der entsprechenden KStN hieß es in einer Fußnote:

„... Ausstattung reinrassig mit Bergeschleppern 35 t (SdKfz 20), oder mit T-34 oder KV-1. Wenn Ausstattung mit s ZgKw 18 t (SdKfz 9), ersetzen je zwei s ZgKw 18 t einen Bergeschlepper 35 t (SdKfz 20).“

Der Turm dieses Tiger Ausf. E wird langsam auf die Wanne heruntergelassen. Dem Panzer der s PzAbt 504 wurden Verladeketten aufgezogen. (Anderson)

Die Tatsache, dass ein offizielles deutsches Dokument die Ausstattung mit Beutegerät vorsieht, wirft ein bezeichnendes Licht auf die Leistungsfähigkeit der deutschen Industrie. Die schweren Panzerabteilungen mussten improvisieren. Aus dem Erfahrungsbericht der s PzAbt 503 vom 10.10.1943:

„Der Bergezug

Der Bergezug ist bei einer Tigerabteilung immer noch von übergroßer Wichtigkeit. Um die durch den langen und höchste Anforderungen stellenden Einsatz müden 18 t Zugmaschinen zu unterstützen, hat die Abteilung einen noch fahrbereiten Tiger, dessen Wannenriss kaum in Stand zu setzen

Wieder auf die Wanne aufgesetzt, waren im Inneren des Turmes noch einige Leitungen und Aggregate anzuschließen. Der Panzer war bald wieder einsatzbereit. (Anderson)

ist und dessen Turm unbrauchbar wurde, bisher mit gutem Erfolg als „Berge-Tiger" eingesetzt.

Im Einzelnen äußern sich die Ermüdungserscheinungen bei den 18 t ZgKw, die in mehreren Fällen zum Abschleppen wieder bis zu vier Stück hintereinander gekoppelt werden mussten, durch das ständige Wegbrechen der hinteren und vorderen Quertraverse, in denen die Anhängerkupplung befestigt ist …"

Die Einführung des m PzKpfw Panther zwang das Heereswaffenamt zu einer Verbesserung der Situation der Berge-Einheiten. Die vorgesehenen SdKfz 20 (Bergeschlepper 35 t) wurden niemals eingeführt. Einige wenige Prototypen, vier VK 3601 aus der Entwicklung des Tigers, konnten als Notbehelf einer der neuen schweren Panzerabteilungen zugewiesen werden.

Guderian selbst ordnete die Entwicklung eines Bergepanzers auf Basis des neuen Massenpanzer Panther an. Die Zugkraft des Fahrzeugs war für die Bergung eines mittleren Panzers ausgelegt. Eine schwere 40 t Winde war installiert, die mittels Umlenkrollen und eines absenkbaren Hecksporns in der Lage war, festgefahrene Panzer aus weichem Gelände herauszuziehen.

Im Januar 1944 erhielt die schwere Panzer Abteilung 501 als erste Tiger-Einheit zwei Bergepanther, einen Monat später folgten die Abteilung 506 und 509. Im August 1944 waren dann fast alle s PzAbt mit dem wertvollen Gerät ausgestattet.

Die allgemeine Lage verschlechterte sich im weiteren Verlauf des Krieges zunehmend, in Italien hatten die Alliierten die absolute Luftüberlegenheit. Das Nachrichtenblatt der Panzertruppen brachte einen kurzen Aufsatz in der Ausgabe vom September 1944:

„… Einsatz des Bergezuges einer Tigerabteilung in Italien:

Das gebirgige, für Panzer sehr ungünstige Gelände, sowie die enge Anlehnung an die Infanterie brachten es mit sich, dass an die Abteilung Anfor-

An der Ostfront waren feste Unterkünfte selten. Wenn die Instandsetzungs-Kompanien geeignete Hallen gefunden hatten, blieben sie so lange wie möglich vor Ort. Diese Wanne eines Tigers der s PzAbt 506 war während der Reparatur der Witterung ausgesetzt, was die Arbeiten nicht einfacher machte. (Anderson)

derungen gestellt wurden, die ihrer Art nicht entsprachen. Ein geschlossener Einsatz der Kompanie kam nie zustande, und nur in drei Fällen gelang es, eine Kompanie geschlossen zum Angriff einzusetzen. Andererseits bestätigte die Abteilung, dass ein Herausziehen der Tiger das Halten des Frontabschnitts in Frage gestellt hätte.

Zweifellos bildet die Verwendung einer Tiger-Abteilung im gebirgigem Gelände eine Ausnahme, die aber durch die Lage erforderlich wurde.

Wesentlich höhere technische Ausfälle als auf anderen Kriegsschauplätzen mussten von vornherein in Rechnung gestellt werden. Wenn der Bergezug dieser Abteilung trotzdem den an ihn gestellten Anforderungen gerecht wurde, so liegt es vor allem an dem überlegten Einsatz sowie der persönlichen Einsatzbereitschaft aller Soldaten des Zuges. Dazu einige Beispiele:

1. Ein Tiger fährt sich in einer Furt fest. Seitenvorgelegeschaden. Obgleich HKL bereits zurückgenommen ist, wird der Tiger ohne Rücksicht auf feindliche Jagdbomber und erhebliches Artilleriefeuer geborgen und von zwei ZgKw zu einem Werkstattstützpunkt zurückgeschleppt.

2. Beim Absetzen vom Gegner bleibt ein Tiger mit Getriebeschaden liegen. Eigene Linien sind seit Stunden zurückgenommen. Es ist Eile geboten. Die Bergegruppe schleppt den Tiger bereits am hellen Morgen durch eine aufgegebene Ortschaft und entzieht ihn dem Zugriff des Feindes.

3. Kaum hat die Bergegruppe diesen Panzer geborgen, als sie Befehl erhält, einen im Gefecht liegengebliebene Panzer sofort zu bergen. Die drei ZgKw erreichen den befohlenen Ort. Das Panzergefecht ist noch in vollem Gange. Unter ständigem Fliegerbeschuss und gut liegendem, von Artilleriefliegern geleiteten Feuer werden die Tiger geborgen und zurückgeschleppt. Unter gleichen Umständen wurde ein weiterer Tiger geborgen.

4. Mehrere ausgefallene Tiger mussten über eine kurvenreiche Bergstraße weiter zurückgeschleppt werden. Eine Zugmaschine erhält Artillerietreffer, die Gruppe hat einen Toten und drei Schwerverwundete. Das Bergen wird weiter fortgesetzt. Über eine Brücke in einer Serpentine ist nicht hinüber zu kommen. In mühsamer Arbeit wird eine Furt geschaffen. Der Panzer kann erst nach Aufschweißen der Ketten wieder von der Brücke heruntergezogen werden. Dies gelingt. Die Brücke wird freigemacht und der Panzer geborgen. Diese Arbeit wurde unter ständigem Artilleriebeschuss durchgeführt, während in nächster Nähe Betriebsstoff- und Munitionsfahrzeuge explodierten. Nach diesen Arbeiten sind die ZgKw dieser Gruppe überholungsbedürftig und müssen in die Werkstatt abrücken. Inzwischen ist die zweite Bergegruppe herangekommen, die das Bergen auf der Gebirgsstraße weiter durchführt. Hier gelang es, zwei weitere Tiger, die vor der eigenen Infanterie im Bereich der feindlichen leichten Infanteriewaffen stehen, trotz PaK-, MG- und Granatwerferfeuer zu bergen und etwa 8 km zurückzuschleppen. Dabei bricht ein Tiger in eine Brücke ein und rutscht die Böschung hinab. Alle Bergeversuche schlagen fehl. Der Panzer wird durch feindliche Artillerie und PaK völlig zerschossen und muss aufgegeben werden. Der Pionierzug baut eine behelfsmäßige Brükke, über die nun noch zwei weitere Tiger geschleppt werden können. Eine Vierlingsflak auf 8 t ZgKw und ein SPW des Aufklärungszuges sichern dieses Bergeunternehmen.

Der Turm des Tigers hängt unter einem schweren Portalkran, der zur Grundausstattung der Instandsetzungskompanien gehörte. (Anderson)

Ab 1944 wurde der Bergepanther in immer größeren Stückzahlen ausgeliefert. Diese sehr leistungsfähigen Fahrzeuge verfügten über eine schwere Winde, einen Hecksporn sowie einen 2-t-Drehkran. (BAMA)

Hier ist die Winde des Bergepanthers im Einsatz zu sehen. Der Hecksporn ist abgesenkt und eingegraben. Das Stahlseil wurde durch einen Flaschenzug geführt und wieder an der Anhängekupplung des Panzers befestigt. Der Behelfskran ist hier aufgebaut.
(BAMA)

In enger Zusammenarbeit mit Teilen des Fla-, Pi-, und Erk- sowie des gep Aufklärungszuges ist es dem Bergezug gelungen, die unter ständigem Flieger- und Artilleriebeschuss liegende Serpentinenstraße trotz starkem Gefälle zu überwinden. Der Bergezug wurde bewusst vom Abteilungskommandeur zum größten Teil bei Tage eingesetzt, da in der Nacht die einzig brauchbare Straße dauernd von Banden bedroht und von marschierenden Kolonnen verstopft war. Begleitende FlaK wehrte die unterbrochenen Jagdbomber-Angriffe ab und konnte dabei zwei Abschüsse erzielen.“

Dieser Tiger Ausf. B (einer von 50, die mit einem Turm der Firma Porsche versehen wurden) wird zu Ausbildungszwecken aus einer Kiesgrube herausgezogen. Zwei Doppelflaschenzüge sind an den Schäkeln der Zugösen befestigt.
(BAMA)

Diese lebendigen Aufzeichnungen belegen die außergewöhnliche Arbeit, die von den Bergezügen und Instandsetzungseinheiten geleistet wurde. Der Generalinspekteur der Panzertruppen gab zu diesem Bericht eine Stellungnahme:

„Die angeführten Beispiele zeigen wieder, dass bei überlegtem Einsatz von Bergezügen und unter bedingungsloser Einsatzbereitschaft aller Soldaten des Bergezuges auch unter schwierigen Verhältnissen Panzerkampfwagen geborgen werden können. Im fünften Kriegsjahr ist jeder Panzer so wertvoll, dass diese Einsatzbereitschaft gefordert werden muss. Der Bergezug dieser Abteilung hatte nicht nur gegen die Schwierigkeiten, die das Gelände im Gebirge darstellte, zu kämpfen, sondern sich auch in den meisten Fällen gegen den hart nachdringenden Gegner zu wehren. Er war fast während der ganzen Arbeiten dem feindlichen Artilleriefeuer und den Angriffen von Jagdbombern ausgesetzt. Die Leistung dieses Bergezuges muss lobend hervorgehoben werden.“

Das Nachrichtenblatt der Panzertruppen berichtete im Dezember 1944 von einem weiteren Beispiel für eine gelungene Improvisation bei einer leichten Panzereinheit:

„Wegen des panzerungünstigen Geländes musste die Kompanie meist in kleine Kampfgruppen zu 2 bis 3 Panzern aufgeteilt werden, die in der Hauptsache nur als Panzerabwehrwaffen oder zu Gegenstößen eingesetzt werden konnten. Diese Zersplitterung und die damit verbundenen Schwierigkeiten der technischen Versorgung erforderten einen laufenden Einsatz der wenigen zur Verfügung stehenden Bergemittel, der unter rücksichtslosem Einsatz von Menschen und Material gefordert werden musste. Nach dem Verlust der beiden 18 t Zugmaschinen durch Überbeanspruchung und der 12 t Zugmaschine durch Artillerietreffer wurde bei den Kämpfen südlich Florenz ein Sherman in unbeschädigtem Zustand erbeutet. Dieser Sherman wurde vom Panzerwerkstattzug der Abteilung zum Bergepanzer umgebaut und findet als solcher seit Ende August Verwendung. Seit dem Einsatz dieses Bergepanzers haben sich die Verluste durch Sprengung in der HKL beträchtlich verringert …

Der Einsatz des Bergepanzers wirkt sich auch in der Zahl der unter Feindbedrohung geborgenen Panzer aus, nämlich 24 im September gegen 12 im Juni. Diese Mehrleistung von zwölf Panzern entspricht etwa dem geringeren Gesamtverlust von zehn Panzern. Diese Zahlen und Erfahrungen beweisen klar, dass es sich lohnt, auch Panzerabteilungen und Sturmgeschütz-Brigaden Bergepanzer zuzuteilen. Ihr Einsatz bewahrt viele der im sechsten Kriegsjahr so wertvoll gewordenen Panzerkampfwagen und Sturmgeschütze vor der Vernichtung“.

Diese Berichte unterstreichen den Nutzen und die Notwendigkeit von Bergepanzern für alle Panzereinheiten.

Dieses Bild zeigt die Leistungsfähigkeit der Winde des Bergepanthers. Die nominelle Zugkraft von 40 t konnte durch Flaschenzüge vervielfacht werden. Die 70 Tonnen des Königstigers wurden scheinbar leicht bewältigt. (BAMA)

Ein Königstiger in Nöten. Dieser Wagen scheint mehrere technische Probleme zu haben. Das vordere Treibrad wurde abgebaut, vermutlich um das Seitenvorgelege zu reparieren. Auch am Motor arbeiten Soldaten, die Abdeckplatte wurde durch einen 2-t-Behelfskran entfernt. Dieses praktische Hilfsmittel wurde gegen Ende des Krieges für alle deutschen Panzer eingeführt. (Ullstein 00664253)

Soldaten einer schweren Panzerabteilung auf einem Tiger der späten Fertigung. Die Gesichter drücken keine Freude mehr aus, angesichts des verlorenen Krieges harren die Männer dem, was kommen wird. (Wilhelm)

Abschlussbetrachtung

Vieles von dem, was bisher über den Tiger geschrieben wurde, basierte einseitig auf der Auswertung rein technischer Betrachtungen oder von persönlichen Erinnerungen. Doch was Veteranen nach dem Krieg geschrieben haben, ist immer von einer gewissen Unschärfe geprägt.

Ich möchte die Erinnerungen von Veteranen keinesfalls als grundsätzlich falsch oder übertrieben abtun. Es kann jedoch kaum abgestritten werden, dass auch über eher kurze Zeiträume wie 5 oder 15 Jahre Ungenauigkeiten im Erinnerungsvermögen auftreten. Jede zeitliche Distanz zu historischen Begebenheiten wird die Genauigkeit des Gedächtnisses beeinflussen, meist negativ. Sorglose Fragesteller erhalten von Veteranen allzu oft Informationen, die genau ihren Erwartungen entsprechen. Die Qualität der Befragung wird so die Qualität der Antworten beeinflussen, auf diese Weise wurden und werden viele Klischees geschaffen.

Der Nimbus des Tigers, unerheblich ob Ausf. E oder B, lebt von oft einseitigen Darstellungen, einerseits von „Erfolgen" auf dem Gefechtsfeld und seiner „Unverwundbarkeit", und andererseits von seiner ebenso legendären „Unzuverlässigkeit".

Es war meine Absicht, mich diesem Projekt nur auf Basis von in Archiven zugänglichen Informationen zu nähern. Einerseits fiel das leicht, entsprechende Akten können im Bundesarchiv in Deutschland oder dem NARA in den USA eingesehen werden. Auf der anderen Seite musste ich feststellen, dass die Thematik nur schwer vollständig zu fassen war. So sind große Mengen an offiziellen Berichten aus den Jahren 1942 bis 1944 zu finden, jedoch wesentlich weniger aus der Endphase des Krieges. Um diese Defizite auszugleichen, habe ich mich zum Teil dann doch notgedrungen wieder auf Erinnerungen einiger Veteranen verlassen. Dies immer im Wissen um die oben genannte Problematik. Im Text sind alle Quellen genannt.

Der erste Einsatz des neuen Panzers im September 1942 südlich des Ladoga-Sees kann nur als Desaster bezeichnet werden. In Kenntnis des schwierigen, sumpfigen Geländes wurden die vier (!) verfügbaren Tiger der sPzAbt 503 in den Kampf geschickt. In ihrer Beweglichkeit eingeschränkt, wurden alle stark beschädigt. Einer der Panzer konnte nicht einmal mehr geborgen werden.

Wie im Kapitel Einsatz-Erfahrungen geschildert wurde, sollte sich der schwere Panzer nach diesen anfänglichen Problemen besonders im Osten bewähren. Die Erfolge der Tiger-Einheiten waren bemerkenswert. So meldete die sPzAbt 503 am 10. Oktober 1943 das Ergebnis von 78 Tagen Kampf im Raum Kursk:

„Erfolge:

501 *Feindpanzer*
388 *PaK*
79 *Artillerie-Geschütze*
7 Flugzeuge

Verluste:

Offiziere:	*2*
Beamte:	*1*
Unteroffiziere:	*12*
Mannschaften:	*29*

	44

Von insgesamt ***18*** *Totalausfällen sind*
7 *Tiger ausgebrannt,*
6 *durch 12,2 und 5,7 cm Geschütze,*
1 *durch Molotow-Cocktail eines Nahkampftrupps,*
1 *durch Beschuss eigener Sturmgeschütze,*
3 *durch Artillerie-Volltreffer über Funkerluke und Laufwerk*
1 *durch Blockieren des rechten Seitenvorgeleges (musste selbst zerstört werden),*
1 *durch Motorschaden (musste selbst zerstört werden),*
1 *durch Durchschuss an der Wanne (musste selbst zerstört werden),*
4 *durch Durchschüsse zwischen Laufwerk und Kettenabdeckung sowie große Wannenrisse (wurden zur Instandsetzung in die Heimat verladen).*

In der Berichtzeit hatte die Abteilung täglich etwa ***12*** *Tiger papiermäßig einsatzbereit. Durch den technischen Ausfall von Tigern auf dem Wege von der Werkstatt zur Kampfstaffel kam ein etwa bei* ***10*** *Tigern liegender tatsächlicher Tagesdurchschnitt zustande …"*

Es erscheint aus heutiger Sicht schwer glaubhaft, dass mit einem Tagesdurchschnitt von 10 bis 12 einsatzbereiten Tigern derartig hohe Erfolge erlangt werden konnten.

Dieser Bericht zeigt nicht die personellen Verluste des Gegners. Andere Einheiten haben an ihre Berichte Zählungen oder Schätzungen der Feindtoten angefügt. Im Ergebnis kann der Blutzoll der sowjetischen Armee im Verlauf des 2. Weltkrieges nur als katastrophal bezeichnet werden.

Im Kampf gegen die West-Alliierten konnten die schweren Panzer ihre Vorzüge nicht oft so überzeugend ausspielen. Es machte grundsätzlich einen Unterschied, ob Tiger in der freien, panzergünstigen Pläne des Ostens eingesetzt wurden oder in den Höhenzügen des Apennins in Italien. Auch wusste ein aufgeklärteres englisches oder amerikanisches Offizierskorps mit der Bedrohung für die eigenen schwächeren Panzer durchaus umzugehen.

Die zahlenmäßige Überlegenheit des Gegners im Westen wie im Osten machte sich ebenso bemerkbar.

In einem amerikanischen Bericht wird ein Offizier einer schweren Panzerabteilung nach seiner Gefangennahme angesichts der gewaltigen Mengen zerstörter M4 Sherman auf einem Schrottplatz zitiert:

„Ein Tiger kann leicht zehn Ami-Panzer zusammenschießen. Ihr habt halt immer einen 11. Panzer in der Hinterhand gehabt …"

Die deutschen Erfolge (kann man hier eher von einem höheren Wirkungsgrad der deutschen Kampftruppen reden?) waren auch in dem hohen Ausbildungsstand begründet. Es war Standard, Soldaten zwei Ebenen höher auszubilden als der Dienstgrad es verlangte. Auf diese Weise konnten gerade Verluste unter den Offizieren leicht durch kompetente Unteroffiziere ausgeglichen werden. Leichter als dies zum Beispiel bei den russischen Streitkräften der Fall war.

Auch die Auftragstaktik sollte sich besonders im Osten bewähren. Gegenüber russischen Truppen, die oft unflexibel und perspektivlos in den Einsatz geschickt (und verheizt) wurden, konnten oftmals ebenso überraschende wie überragende Erfolge gemeldet werden. Erfolge gegen einen Gegner, der in vielen deutschen Berichten als „zäh" und „tapfer bis zur Selbstaufgabe" geschildert wird. Es gehört wohl zur tragischen Logik eines jeden ausweglosen Konfliktes, dass zum

Ende des Krieges dieses selbständige Denken durch die ideologische Verbohrtheit von politischen Führern auf deutscher Seite ad Absurdum geführt wurde.

Gegen Ende des Krieges sollte sich auch die Versorgungslage immer weiter verschlechtern, wie ein Funkspruch des AOK 2 an die Heeresgruppe Weichsel vom 11.3.1945 schonungslos offen legt:
„Panzer- und Sturmgeschützlage der Armee durch ununterbrochenen schwersten Abwehrkampf aufs Äußerste angespannt.

- *7. PzDiv noch 12 Panzer (6 einsatzbereit), 28 StuG und Jagdpanther V (18 einsatzbereit)*
- *4. PzDiv 36 Panzer (11 einsatzbereit), 6 StuG und Jagdpanther V (4 einsatzbereit)*
- *4. SS-Pol-PzGrenDiv noch 2 Panzer (1 einsatzbereit), 42 Jagdpz IV und StuG (12 einsatzbereit)*
- *SS-PzAbt 503 noch 8 Panzer VI (3 einsatzbereit)*

... Weiterer Kampfverlauf hängt entscheidend von Zuführung Panzer und StuG, besonders Panther V, Jagdpanther V und Tiger ab. Zur Zeit verfügt Armee nur über 35 Panzer V und 8 Tiger, davon 14 Panther und 3 Tiger einsatzbereit zur Bekämpfung schwerster Feindpanzer ...“

Viele schwere Panzer mussten von den eigenen Besatzungen gesprengt werden, wenn die Lage dies erforderte. Zu oft blieben diese mit nur geringen Schäden liegen und konnten aufgrund fehlender Bergemittel nicht geborgen werden. Major Schmidt, der AbtKdr der sPzAbt 507, berichtet von einem Fall am 11.5.44:
„... Panzer Abt 507 meldet folgende Berichtigung der Meldung vom 1.4.44:
Totalausfall PzKpfw VI nicht FgstNr 250838, sondern FgstNr 250 831, ausgefallen am 29.3.44, 500 m südlich Jecierna. Grund des Ausfalls: Im Sumpf festgefahren, Bergung nicht möglich, wurde von der Truppe gesprengt.“

Wurde der Tiger verantwortungsvoll im Wissen um seine Stärken und Schwächen eingesetzt, so konnten auch in scheinbar aussichtloser Lage überraschend große Erfolge erzielt werden, und das selbst noch 1945. Der Tiger-Führer, und mehr noch die übergeordneten Dienststellen, hatten diesen Erfolg in der Hand. Wurden Tiger-Einheiten leichtfertig zersplittert, wurden Tiger zugweise oder gar einzeln in den Kampf geschickt, so musste dieser Einsatz scheitern.

Das Einsatzspektrum des Tigers wurde von verschiedenen Faktoren beschränkt. Das komplexe Fahrzeug benötigte auch nach Abstellen der Kinderkrankheiten eine umfassende Pflege. Viele Komponenten waren nicht robust genug, um längerer Belastung standzuhalten. Wo diese Komponenten nicht ausreichend gepflegt wurden, oder wo keine Ersatzteile vorhanden waren, da stieg die Zahl der Ausfälle.

Die sPzAbt 502 berichtet am 1. Sept. 1944:
„... Panzer VI

Soll: -45
Einsatzbereit: -19
In kurzfr. Inst.: -8
In langfr. Inst: - 18

Stimmung der Truppe:
Zuversichtlich

Besondere Schwierigkeiten:
Ersatzteilbeschaffung auf Grund der Lage schwierig. Hierdurch Einsatzbereitschaft für 50% der Kampfstaffel gefährdet.

Grad der Beweglichkeit:
80%

Kampfwert:
Zu jeder Angriffs- und Abwehraufgabe voll geeignet ...“

So oder ähnlich präsentieren sich viele Zustandsberichte. Die Bewertung des Abteilungskommandeurs ist bei einem Klarstand von nur 40 Prozent allerdings schwer nachvollziehbar.

Im Ergebnis bleibt die Legende unangetastet. Der Tiger bleibt ein Faszinosum. Gut für die Besatzungen, die sich in ihm sicher fühlen durften. Ein Glücksfall für jede Propaganda. Eine wahrlich schlechte Meldung für den russischen Soldaten in seinem T-34.

VK 3001, Henschel
Prototyp, 1941/42

VK 4501 (P),
Porsche Prototyp,
1942

Tiger Ausf. E, s PzAbt 502,
Nordabschnitt der Ostfront,
Winter 1942/43

Tiger Ausf. E, s PzAbt 504, Italien, 1944

VK 4501, Befehlstiger der s PzJgAbt 653, Ostfront, 1944

Tiger Ausf. E, s PzAbt 510, Ostfront 1944

Tiger Ausf. E, s PzAbt 509,
Ostfront 1944

Tiger Ausf. B, s PzAbt 505,
Ostfront 1944

Tiger Ausf. B, unbekannte Einheit,
Frankreich 1944

Tiger Ausf. B, Werksgelände
Henschel, Deutschland
1944/45

Ebenfalls erhältlich ...

ISBN 978-3-86245-142-5

ISBN 978-3-86245-329-0

ISBN 978-3-86245-727-4

ISBN 978-3-86245-733-5

GeraMond

www.geramond.de